心法 之贰

燃烧的斗魂

稲盛和夫
Kazuo Inamori
いなもり かずお

著

曹岫云 译

人民东方出版传媒
People's Oriental Publishing & Media
东方出版社
The Oriental Press

图书在版编目（CIP）数据

心法之贰：燃烧的斗魂 /(日)稻盛和夫 著；曹岫云 译. — 北京：东方出版社，2014.3
（心法系列）

ISBN 978-7-5060-7314-1

Ⅰ.①心… Ⅱ.①稻… ②曹… Ⅲ.①人生哲学-通俗读物 Ⅳ.①B821-49

中国版本图书馆CIP数据核字（2014）第050734号

MOERU TOUKON by Kazuo Inamori
Copyright© Kazuo Inamori 2013
First published in Japan in 2013 by The Mainichi Newspapers, Tokyo.
This Simplified Chinese edition is published by arrangement with
The Mainichi Newspapers, Tokyo in care of Tuttle-Mori Agency, Inc., Tokyo
through Beijing GW Culture Communications Co., Ltd., Beijing

中文简体字版专有权属东方出版社
著作权合同登记号 图字：01-2014-0984号

心法之贰：燃烧的斗魂
（XINFA ZHIER：RANSHAO DE DOUHUN）

作　　者：［日］稻盛和夫
译　　者：曹岫云
责任编辑：贺　方
出　　版：东方出版社
发　　行：人民东方出版传媒有限公司
地　　址：北京市东城区朝阳门内大街166号
邮　　编：100010
印　　刷：北京文昌阁彩色印刷有限责任公司
版　　次：2014年6月第1版
印　　次：2022年10月第7次印刷
印　　数：49001—52000册
开　　本：880毫米×1230毫米 1/32
印　　张：4.625
字　　数：80千字
书　　号：ISBN 978-7-5060-7314-1
定　　价：26.00元
发行电话：（010）85924663　85924644　85924641

いなもり かずお

Kazuo Inamori

推荐序

物心一如

稲盛和夫（北京）管理顾问有限公司

董事长　曹岫云

　　"燃烧的斗魂"本来是"稲盛和夫经营十二条"中的第八条，而且是篇幅不长的一条。而现在这一条演绎成了一本书——《燃烧的斗魂》[①]。这本书一出版就畅销，短短两个月在日本卖出了十万多册，势头不逊色于《活法》当初的景况。

　　我想原因有两个：一个是这本书击中了日本社会的时弊，第二个原因是日本航空重建的卓越成功。

[①]　中译本为《心法之贰：燃烧的斗魂》。

坏企业要变成好企业,好企业要持续兴旺,有两个最基本的条件。一个就是"燃烧的斗魂";另一个就是"斗魂"的根基,也即人格、道德,或者说"一颗美好的利他之心"。

翻译《燃烧的斗魂》这本书,时而触发我的联想,这里我想说三点。

第一点是关于"中国梦"。"中国梦"正在振奋中国人的精神,或者说进一步激起了中国人"燃烧的斗魂"。但"中国梦"究竟是什么,却众说纷纭。对照稻盛先生在本书中的思想,我认为,"中国梦"应该是"在追求全体国民物质和精神两方面幸福的同时,为人类社会的进步发展做出贡献"。如果说"美国梦"是以满足个人欲望为原动力,那么,"中国梦"就应是以"大爱大义"为原动力。如果全体中国人都为实现这样的梦想而奋斗,那么中国不仅能够持续繁荣昌盛,而且一定能够受到全世界的信任和尊敬。

第二点是关于"正能量"。近年来,"正能量"这个词突然流行起来,大概是因为当今时代负面的东西太多的缘故吧! 但什么是"正能量"呢? 对照稻盛先生的思想,我认为,所谓"正能量",就是激发人的正义感、激发人的利他精神的能量;就是激发人积极向上、激发"燃烧的斗魂"的能量;就是激发人的能力,特别是内在潜力的能量。也就是让自己拥有一颗纯洁美好的心灵;倾注自己全部的热情;发挥自己天赋的才能。这就是人生获得巨大成果的秘诀,就是人生成功的王道,就是人生幸福的源泉,就是社会进步的动力。

第三点是本书中提到的"物心一如"。

将"燃烧的斗魂"和"美好的心灵"相结合,我们就会全身心地投入工作,将自己的魂魄注入工作对象之中。稻盛先生年轻时曾经"抱着产品睡";随时带着放大镜在现场观察产品有无瑕疵,把产品当作自己的孩子精心呵护;"仔细倾听机械的哭泣声","将自己化身为机械、化身为产品",达到"物心一如"的境界,由此制造出完美无缺的、"会划破手的"产品。而这样做的结果,就让京瓷的关键产品席卷了全世界的半导体市场,几十年来一直遥遥领先,让竞争对手望尘莫及。

对这一点我自己也有深切的体悟。这五年来,我翻译了稻盛先生的《活法》《干法》《稻盛和夫的哲学》①《稻盛和夫的实学》等 14 部著作。翻译稻盛先生的著作,决不仅仅是单纯的翻译作业,翻译的过程对于我来说,是一个极佳的充电的过程,是一个极好的整理心绪的过程,是一个重新塑

———————————

① 中译本为《心法:稻盛和夫的哲学》。

造自己心灵的过程。出版社和许多读者赞赏我的译作"传神"。其实,将作品的精神实质如实传递,译出作者思想的"神韵",本来就是译者的使命。

译者要倾注自己的心血,投入自己的魂魄,尽力将自己化身为作者,化身为作品。比如在翻译本书时,我悉心揣摩稻盛先生写书时的心境,就是说,尽力化身为稻盛和夫,化身为《燃烧的斗魂》这本书。当然,稻盛先生是顶天立地的伟人,我只是微不足道的凡夫,但对稻盛先生和稻盛哲学,"虽不能至,心向往之"。在元旦前后翻译这本书,我只用了半个月,几乎是一气呵成,除吃饭、睡觉、一小时散步外,每天约十五个小时伏案思索、书写,欲罢不能,乐在其中。可谓怀着"燃烧的斗魂"译完了《燃烧的斗魂》这本精彩的著作。

我忽然想起了辛弃疾的词:"我看青山多妩媚,料青山看我应如是。"我想我们应该追求这种"物心一如"的美妙境界,这样才能把工作做好,把事业做成,让人生幸福。

2014 年 2 月 15 日

c o n t e n t s

目 录

自序

京瓷名誉会长　稻盛和夫

日本经济为什么衰退？

"日本为什么会变成现在这个样子？"

自从泡沫经济破裂之后，尽管社会各界都嚷嚷赶快复兴经济，但日本却出现了所谓"失去的20年"。一刹那间将近四分之一世纪就过去了，经济萧条却长期延续，过去有过的繁荣犹如梦幻一般，仅仅留在了人们的记忆之中。

我国的GDP（国内生产总值）已被中国超越，倒退至世界第三位。根据美国著名金融机构高盛集团的预测，今后日本低增长的趋势还将继续，到2050年，不仅将被俄罗斯、印度、巴西等所谓金砖国家超越，甚至还将被印度尼西亚、墨西哥超越。

这已经不是什么久远的将来的事情，状况已迫在眉睫。看看现在日本的产业界吧！那些曾经称霸全球、席卷全世界的日本电子企业，如今却在庞大的赤字中痛苦呻吟。同样，曾以技术力和市场占有率引领世界经济发展的企业乃至行业，转眼间跌入低谷、陷于困境，这样的例子随处可见、不胜枚举。这究竟是"为什么"，低头苦思的，不仅仅是我一个人。

另一方面，同日本一衣带水的中国，在日本经济高速增长的20世纪70年代，老百姓都穿清一色的"中山装"，代步以自行车为主，有些落后的地方甚至连吃饭都成问题。

然而，1978年以后，邓小平倡导改革开放政策，点燃了国民"追求富裕"的愿望，从那时起，人们以不知餍足的欲望为动力，拼命奋斗，经济飞跃发展，转眼间就超过了日本，成为世界第二经济大国。

现在的中国，已不甘心仅仅充当"世界工厂"的角色，以巨大的国内市场为背景，中国已经在角逐全球经济的中心地位，并已占了一席之地。像中国的通信设备企业华为、家电巨头海尔等，在全球化竞争中已开始占据领先地位，这类企业越来越多。

还有我们的近邻韩国。在日本泡沫经济破裂、经营恶化、金融机构被迫处理大量坏账的1997年，韩国曾经面临更为严峻的、涉及国家存亡的危机，受到亚洲金融风暴的影响，韩元急剧贬值，国家濒临破产的边缘，甚至不得不归于IMF（国际货币基金组织）的管理之下。

但是，在这巨大的困难面前，韩国国民不仅咬牙忍受，而且纷纷拿出个人的资产为国家所用，以献身精神致力于经济复兴。同时，在官民协作的基础之上，以三星、现代等企业为代表，拼命积累技术，拓展销路，积极推进品牌战略，集中财力实施大规模设备投资，向着挑战性的事业奋进，获得了飞跃性的发展。

在近邻诸国一片繁荣的景象面前，日本近年来经济、产业的低迷状况未免太过"相形见绌"，整个社会充满着"闭塞感"。为什么彼我之间会发生如此巨大的逆转？产生如此巨大的差距？我们到底差在哪里？

我认为，这个差，就差在国民的心态不同。

回顾过去，日本曾经有过同中国、韩国同样的苦境，不！那种严酷的程度甚至超过中韩两国。

　　第二次世界大战战败之后，日本化为一片焦土，工厂乃至社会的基础设施归于灰烬。雪上加霜的是，在这种状况下，还有600多万日本人从海外被赶回日本。不仅如此，在战后的相当一段时间内，日本还天天缺粮。

　　但是，在这种悲惨的处境中，日本人没有失去希望，在战火的残迹中毅然站立起来，不屈不挠，一心一意，"无论如何也得活下去"！每天拼命奋斗，而且抱着"明天要比今天好，后天要比明天好"的信念，不断钻研，不断创新。

　　每一位国民都咬紧牙关，凭着非赢不可、决不服输的精神，通过不断努力和持续改进，使日本不仅克服了苦难，超越了障碍，而且实现了高速增长，完成了被称为"奇迹"的经济复兴的目标。

　　从废墟中崛起，短短20余年，就一跃成为仅次于美国的世界第二经济大国。其经济模式、经营体质被视为世界楷模，"日本即第一"一时享誉天下。

　　这一日本战后经济发展的轨迹，可以写进世界史，是一段光荣的历史。这不仅是因为GDP的数字在短时期内飞跃增长，更是因为日本国民的巨大努力和刻苦钻研，使日本从亡国的危机中犹如凤凰涅槃、浴火重生。从这个意义上讲，作为日本人，我们应该由衷地感到自豪。

而带动如此辉煌的经济增长的功臣，就是一大批具有炽热理想的企业家：松下幸之助先生、本田宗一郎先生、井深大先生等。他们怀抱崇高的、强烈的使命感，赤手空拳，全身心投入各自的事业活动。他们揭示超乎自己能力的远大目标，并为了实现目标，全神贯注、全力以赴地拼命工作。

有功之臣不仅仅是这一部分出类拔萃的著名企业家，还有那些藏于市井的、大量的中小企业的经营者，他们占了日本企业的一大半，他们具备旺盛的事业心，虽然缺乏经营资源，但是他们坚忍不拔，发挥自己的聪明才智，不怕任何经济变动，领导企业顽强生存、不断发展。

我所创立的京瓷公司也是其中之一。

京瓷创立于 1959 年，当时资本金只有 300 万日元，员工只有 28 名，租借了人家仓库的一角做厂房，可谓是一个弱不禁风的小企业。但是，尽管白手起家创业，我们却意气风发，拼命努力，使企业业务不断拓展。

值得自豪的是，自创业以来一直到今日为止，长达 54 年间，京瓷的年度决算没有出现过一次亏损。不仅是每年都持续盈利，而且一直维持着高收益的状态。利润率最高时曾经超过40%。即使销售额超过了一万亿日元，基本上仍然能够保持两位数的高利润率。

当然，在这54年间，企业的经营并非"一帆风顺"。从所谓"尼克松冲击"使日元从固定汇率制转向变动汇率制开始，经历了各种各样剧烈的经济变动：由"石油冲击"造成的订单急剧减少；因"广场协议"引发的日元急速升值；在半导体领域内日本和美国之间严重的贸易摩擦产生的影响；"泡沫经济"破裂后长期的经济低迷；还有2000年年初的"IT泡沫"；由"雷曼冲击"引发的金融次贷危机；以及最近多年持续的日元超高升值等。

特别是，京瓷产品的出口比率很高。一般来说，日元一旦快速升值，企业立即跌入赤字也毫不奇怪，然而，当1995年日元急剧攀升至1美元兑换79日元时，京瓷不仅没有落入赤字，由于经营层和员工团结奋斗，反而提升了企业的收益率。

我认为，京瓷之所以能够如此成长发展，原因就在于京瓷具备了"无论遇到任何经济变动都决不认输"的坚强意志和战斗精神。

支撑战后日本经济高速增长的动力，就是具备旺盛斗争心的、热情洋溢的经营者，以及由这样的经营者率领的企业团队。

但是，现在有许多经营者却把企业业绩持续低迷的理由都归结于经济环境和市场变动。我们看到，不少经营者都毫不踌躇地将业绩不好的原因转嫁于客观情势，转嫁于日本经济的所谓"六重苦难"。

这就错了！对于现在的日本经济、日本社会而言，最缺乏的东西究竟是什么呢？不是别的，就是一颗不屈不挠的心。无论发生什么情况，无论遭遇何种障碍，都要坚决克服它！这种坚强的意志、勇气、气概，现在日本企业的领导人十分欠缺，这才是让当今日本经济界充满停滞感、闭塞感的真正原因。

一心一意、不屈不挠

现在的日本最需要的就是这样一颗心。"难道就这么服输了吗？不！"这种决不认输的志气，也就是所谓"燃烧的斗魂"。

战后的日本经营者们就是这样，"奋力拼搏，决不认输"！他们燃起斗魂，互相之间展开竞争，又相互切磋琢磨，推动了日本经济的蓬勃发展。

经过长期的低迷，日本终于开始见到了经济恢复的曙光。这正是日本企业再一次增长发展的大好时机。现在的日本有充裕的资金，有精湛的技术，有优秀的人才。唯一缺乏的就是"燃烧的斗魂"，也就是"奋力拼搏，决不认输"这种强韧的精神动力。

只要经营者自己怀抱"非如此不可！"的强烈的意志，只要在企业经营中植入不亚于任何角斗士的激烈的斗争心，那么，就一定能够引导事业走向成功，而且一定能够像战后的日本企业一样，再次在世界经济的舞台上崭露头角。

有一句话可以用来表述这种有气魄的日本经营者所应具备的精神：

"志气高昂，不屈不挠，一心一意，坚决实现新计划！"

这句话是我刚刚就任日本航空公司董事长以后，为了激励因为破产而意气消沉的日航员工而发出的呼声。

这句话不是我自己想出来的。这是倡导积极思维的哲学家中村天风先生的语言。这句话的意思是："能不能实现新的计划、新的目标，关键就在于有没有一颗不屈不挠之心。就是说，无论碰到任何困难都决不屈服、决不退却的那么一颗心。既然如此，就要不断用这句话来激励自己，在自己的心中强烈地、持续地描绘自己的崇高的理想和目标。"

可以说，这句话浓缩了我参与日航重建的一切要义。对于航空业，我没有知识、没有经验，对于日航重建，我没有任何胜算。领导日航重建，我依靠的仅仅是这种纯粹而强烈的"心念"而已。

就是说，大家一致断言根本不可能实现的事业重建计划，无论如何一定要实现！以这种不屈不挠的精神去经营、去工作。"无论多么辛苦，无论直面怎样的困难，全员齐心协力，坚决克服它，日航重建就必定成功！"我反复向员工们诉说这一条。

那么，这种强烈的心念、愿望来自哪里呢？就来自不管怎样都要守护员工，无论如何都要为日本经济重生助一臂之力的纯粹的"动机"。这种纯粹的"动机"为日航员工所理解、所接受，他们的心态也随之发生了变化。我认为，这才成就了日航重建成功的所谓"奇迹"。

现在，日本的经济依然低迷，但是，只要日本的中小企业、中坚企业、大企业的经营者们，都具备不屈不挠的精神，即无论如何都要把企业经营得更加出色，不管怎样都要实现员工物质和精神的双重幸福，拼命努力，不断创新，那么，企业就一定能成长发展，日本经济就一定能再创辉煌。

2012 年 12 月，在日本国会解散后的大选中，诞生了安倍政权，安倍晋三首相采取了"积极财政""宽松货币""成长战略"三足鼎立的经济政策，出于对所谓"安倍经济学"的期待，日元贬值，股市上涨，市场也对经济发展出现了乐观的看法。但是，我认为，对于日本经济的重生而言，比起上述政府的经济政策，更重要的是要改变人们的思想观念、精神状态。

不管企业现在的处境多么困难，只要领导人充满斗魂，只要全体员工团结在这样的领导人周围，抱着纯粹而强烈的愿望，不懈努力，不断钻研创新，那么，就可以克服一切经济变动，取得快速发展。只要这样的企业增加了，日本的经济就一定能复兴。

不仅是产业界，就是每一位国民，只要怀抱纯粹的、美好的、强烈的愿望，不断付出不亚于任何人的努力，日本这个国家在整个世界上也一定能发挥比目前更大的作用。

正因为状况混沌不明，所以必须树立高远的目标，不要以环境变化为借口，而是要朝着目标实现的方向，以不屈不挠的精神顽强奋斗。不管经营环境如何变化，只要具备绝不认输的、昂扬的斗争心，也就是以"燃烧的斗魂"去面对，就一定能开辟未来。我坚信这一点。

2012年2月，为了纪念《每日新闻》报创办140周年，举办了"每日21世纪论坛"。我应邀以"日本经济的再生和国家方向"为题，发表了讲演。本书的问世就是以这次讲演为契机。在听了我的讲演之后，每日新闻社社长朝比奈丰先生提出建议，强烈要求以"克服混迷时代的勇气和指针"为主旨，出版这本书。

2013年3月，我辞去日本航空的董事职务，有了一点静心思考的时间。在缓缓流逝的时光中，我凝思畅想，思考了这个国家的过去和未来。同时也思考了企业经营该怎么做、经营者该怎么当等问题，通过掌舵京瓷、KDDI及日本航空的经营，并以长达半个多世纪的经验为基础，我阐述了自己的思想。归根结底，这不过是一位门外汉的个人见解，不过是叙述了作为经营者的我个人一贯的主张罢了。如果本书能对日本的重生助上一臂之力，我将感到十分荣幸。

第一章
日本的盛衰

"80 年周期" 变动

"日本的重生",在阐述我对这一重大"命题"的思考之前,让我们再来回顾一下我们日本人在近代所走过的历程吧。

为什么?因为我认为,如果俯瞰日本的近代史,那么日本下一步应该怎么走,那情景就会在我们眼前清晰地浮现出来。

翻开日本的近代史,我们可以看到,大体上是 40 年迎来一个大的节点,经历上升和下降,就是说,以 80 年为一个周期,这样的历史变动反复交替,形成了近代的日本。

首先,摆脱江户幕府统治的封建社会,日本开始走上近代国家的道路，不用说这就是"明治维新"。

1867 年，经历"大政奉还"，明治政府成立。但在两年前的 1865 年，江户幕府已经丧失了作为统一政权的实际权力，它事实上已经崩溃了。

接着，新成立的明治政府颁布的国家运行的基本政策就是"富国强兵"。以西欧列强为楷模，实施"殖产兴业"和"军备扩张"两大举措，目标就是建设近代国家。

富国强兵之道

日本是举全国之力强行推进所谓"富国强兵之道"的。从江户幕府事实上崩溃的 1865 年开始，到 40 年后的 1905 年《朴茨茅斯条约》① 签署（即日本取得了日俄战争的胜利）为止。

正如司马辽太郎在《坂上之云》一书中所描述的那样，一心专注于富国强兵的日本，挟日清战争②胜利的余威，向在列强中占一席之地的大国俄国宣战，并出人意料，取得了重大胜利。

---

① 该条约是由日本和俄国在美国总统西奥多·罗斯福的调停下，于 1905 年 9 月 5 日在美国新罕布什尔州朴茨茅斯海军基地签署的和约。——译者注
② 中国称中日甲午战争。——译者注

　　远东一个弱小国家日本，着手近代化不过 40 年，竟然战胜了欧洲最大的军事大国俄国，这件事给了世界极大的震动，日本的国际地位随之扶摇直上。

　　一口气跃上国际舞台的日本，接着采取的政策是进一步的扩展军备。经过参与第一次世界大战，遵循明治维新以来的国家方针"富国强兵"，特别是朝着"强兵"的方向一路倾斜，并且渐行渐远。

　　这样的国家方针果真是正确的吗？对日本大肆扩军备战感到忧虑的欧美列强要求日本裁军。开始时，日本也曾允诺这种要求，努力削减军事力量，但到了昭和初期，日木军部在国家政权中势力增强，他们认为接受列强的压力是屈辱，因此，再度朝增兵扩军方向发展。

　　在军事大国的道路上一味猛进的结果，导致日本迎来了第二次世界大战失败的悲惨结局。从日俄战争结束、签订《朴茨茅斯条约》算起，正好又过了 40 年，就是 1945 年。

　　1905 年日俄战争胜利，日本攀上了历史顶点，其后世界各国要求日本裁减军备，在面临如何选择作为一个国家应有的姿态的时候，日本本应该从根本上检讨并反省"强兵"的国策是否正确。然而，日本不仅没有这么做，反而被胜利的美酒所陶醉，继续贪婪地追求自己一国的繁荣和领土的扩张，结果在 40 年之后，跌入了灾难的深渊。

从战败到富国

但是，由于战败化为焦土的日本，在深刻的反省之余，官民一心，励精图治，致力于经济复兴。这一次不再是"富国强兵"中的"强兵"，而是一个劲儿朝着"富国"的方向倾斜。

尽管被全世界讽刺为"经济动物"，但由于国民的不懈努力和刻苦钻研，日本实现了奇迹般的经济复兴，不久就发展成为 GDP 仅次于美国的世界第二经济大国。

这次达至顶点的时间是 1985 年，正好是 1945 年第二次世界大战失败又过去 40 年的时候。当时，全世界只有日本一国拥有庞大的贸易顺差，并还在继续扩大，因此，许多国家都掀起了批评日本的浪潮。

就是说，日本只顾自己一国的经济增长，势必引发矛盾。当时以日美间的贸易摩擦为契机，相关国家签署了"广场协议"①，目的是通过诱导日元升值来抑制日本一家独胜的倾向。这正好发生在 1985 年。从此以后，货币汇率朝着日元升值的

---

① 1985 年 9 月 22 日，新上任的美国财政部长詹姆斯·贝克和联邦德国、日本、法国、英国的财政部长在纽约广场饭店举行了秘密会议，五国财政部长决定同意美元贬值，共同签订了"广场协议"。——译者注

方向大幅变动。

同时，相关国家要求日本转变经济模式的呼声也日益高涨，要求日本在抑制出口的同时，唤起内需，增加进口，开放国内市场等等。

由于对日本扩大内需的强硬要求，日本出台了积极的财政政策，于是市场上资金充溢，从而加速推动了所谓"泡沫经济"的形成，土地和股票价格狂飙，不仅企业，连普通百姓也热衷于股票和房地产投资，日本人的投机热陷入了近乎疯狂的状态。

日本到了破产的边缘

不久，这个泡沫经济也开始破裂。泡沫经济的破裂本来是对日本敲响的警钟，是促使在 1985 年达到经济增长顶点的日本转换方向的信号。但这警钟并没有唤醒日本，为了持续原有的经济增长速度，日本政府反复采用了编制补充预算、扩大公共投资等财政措施，不断给日本经济注入兴奋剂，也就是采取了只顾应急、不顾后果的饮鸩止渴的经济政策。

但是，一直到今天，日本泡沫经济破裂的后遗症仍然没有痊愈，经济长期低迷，以致被称为"失去的 20 年"。现在仍然在"通货紧缩的恶性循环"（deflationary spiral）中找不到出路，继续彷徨摸索。同时，由国家如流水般大肆发行的国债的余额已经超过了 GDP 的 200%，说这个国家已经到了破产的边缘也不算过分。

今后日本的形象

回顾这一部日本近代史，可以清楚地看到"盛"和"衰"每 40 年转换一次，就是说，日本的经济社会以 80 年为一周期推移变迁。在思考日本这一历史进程的时候，我们最为关心的当然是：今后的日本将会怎样？

因明治维新而勃兴的日本，以 40 年后的 1905 年日俄战争的胜利为标志迎来了一个高峰。但因为不知反省，在 40 年后的第二次世界大战失败时跌入了谷底；1945 年从一片废墟中站立起来的日本，经过 40 年到了 1985 年，又迎来了一个经济上的高峰。那么，再过 40 年到 2025 年，日本又将成为一个什么样的国家呢？

根据预测，到 2025 年，日本发行的国债的余额将会超过 1500 万亿日元。这个数字可与国民的全部金融资产相匹敌，这么庞大的国债仅靠日本国内将无法消化。

同时，由于出生率和死亡率的降低，日本正以全世界少见的速度向着"少子高龄"化前行。按照日本对将来人口的推算，2012 年日本的高龄化率（65 岁以上的高龄者人口占总人口的比例）已经达到了 24%，占世界第一位。到 2025 年这个比例还将达到 30%，就是每两个国民就要扶养一位老人，这样的社会正在一步一步、确确实实地到来。

同时，日本的总人口还会减少。根据 2010 年的国势调查，当时日本的总人口约为 1.2805 亿人，但据推算，到了 2025 年日本人口将降至约 1.2066 亿人，减少 739 万人，就是说，相当于东京人口的一半或爱知县一县的人口将会消失。

尤其是年轻人的减少意味着劳动人口的减少，这将对 GDP 的增长带来深远的影响。根据高盛公司 2007 年公布的资料，预测日本的 GDP 在 2025 年将达到 5.57 万亿美元，这期间的年增长率为 1.3%～1.5%。这个增长率同中国的 4.6%～7.7%、美国的 2.1%～2.3% 相比，明显地相形见绌。

如果随着少子高龄化的进展，在社会保障费用增加的同时，劳动人口减少，GDP 进展缓慢，结果将会怎样呢？国家财政收入减少，背负庞大的财政赤字，到时连赤字国债的承担者也没有了，事态到了这一步，作为一个国家，日本真的就要破产了。

通过重建财政、改革行政等措施建立小政府，同时通过全方位削减财政支出，以及税制的根本性改革增加财政收入。如果现在还不赶快采取这一系列措施的话，日本真的就会亡国。

破灭不会突如其来，它总是在不知不觉中腐蚀我们、侵蚀社会。本来，在"广场协议"的阶段，或者在泡沫经济刚刚破裂时，我们就应该马上意识到这种危机，对日本发展的方向从根本上进行讨论和校正，但从 1985 年转换期开始已经过去了 20 多年，到 2025 年只剩下十多年了，留给我们的时间越来越短，正在一分一秒地快速逝去。

日航与日本经济的重影

接受日本政府的邀请，我于 2010 年 2 月开始就任破产重建的日本航空公司的董事长，担负起日航再建的重任。由于日航员工的拼命努力，加上政府、金融机构以及有关各方的援助，日航的业绩快速回升，已于 2012 年 9 月在东京证券交易所再次上市。

在我看来，日本航空的破产与当前日本经济的状况本质上一样，两者"重影"。而我刚就任日航董事长开始展开工作时，首先感到的是，公司内部对日航"已经破产"这件事并没有切实的感觉，这里弥漫着等待、依赖别人帮忙的氛围。

所以，我担任日航董事长后，首先做的事情，就是让员工们都认识到"日本航空已经破产了"这个现实。我强调"跌入谷底的日航必须依靠自己的力量爬上来，不会再像过去那样有国家撑腰，现在是最后的机会，除了自己，没有人再会救我们"。首先就是将这种危机意识植入每个员工的头脑。有关日航重建将在本书第五章中详细叙述。

同样的情况，同样的语言，可以说对日本这个国家也正好适用。随着2025年逐渐接近，国家真的行将破产，我们正在朝着悬崖猛冲。这个现实怎样才能成为全体国民的共识？国债以及国家借的钱到2012年年末，总额已达997万亿日元，这个数字用总人口数来除的话，相当于每个国民都有约780万日元的负债。

但是，谁都以为这件事与己无关。过不了多久，国民真的会负担不起国家的借款，国家因而会破产，这个事实必须明确地让国民认知，必须唤醒大家的危机意识。

举一个我们应该学习的榜样，就是我们的邻国韩国。1997年IMF危机之际，韩国被逼入了国家存亡的危急关头。受到亚洲货币危机的冲击，韩元的币值半年中暴跌50%，韩国的财阀相继破产。外汇枯竭，国家财政陷入破产境地的韩国政府不得不请求IMF的援助，纳入它的管理之下。

当时，韩国的家庭主妇们纷纷拿出自己的金银首饰等高档细软，提供给政府，提出"请务必使用!"看到这一新闻，我非常吃惊。韩国一旦遭遇国难，连普通市民百姓也会挺身而出，觉得自己必须为国家做些什么。

我感觉到，当时韩国人表现出的那种咬牙忍耐、顽强拼搏的斗争心，与后来的三星、LG、现代等韩国企业的飞速发展互相关联。具备这种精神的韩国企业，从此就与日本企业拉开了差距。

要让普通的国民也能对国家和社会的重建具备强烈的愿望，自发地采取行动。为了营造这种局面，掀起这种势头，必须赶在 2025 年日本跌入"衰"的谷底之前唤起国民的危机意识。

危机感淡薄的日本人

现在日本的企业经营者们，对严重的财政恶化和困难的经济状况视而不见，认为这种事与己无关，甚至站在一边充当旁观者。那么，为什么日本人不能正视危机呢？

在人们的潜意识里，本来就存在着回避风险的倾向。因此人们在无意识间，都会尽量避免与危机正面对峙。

同时，好像溺水者连稻草也要抓住一样，人们在心理上往往依赖乐观的论调。例如，关于财政问题，只要有经济评论家说"日本的财政不可能崩坏"，多数人就会随声附和，就是基于这种习性。

日本整体欠缺危机感，除了逃避正面面对风险的、潜在的习性之外，我认为还有一条，就是同日本人原本就有的顺从的性格有很大关系。社会上出现什么潮流，或出现某种特定的氛围，人们会有"不与潮流对抗"、"胳膊拧不过大腿"等想法，大家都会没头没脑地随波逐流，这就是日本人的特性。

日本人表现出来的顺从性格，我曾经亲眼目睹。那是在二战刚刚结束之后，当时我初中二年级，住在鹿儿岛市内。

在战争末期，冲绳战役之后，因为预计美军会从鹿儿岛登陆，所以日本陆军将坦克部队结集于鹿儿岛。我们市民，包括女性和小孩，都手持竹枪，连日训练怎么抗击敌人。

但是，鹿儿岛的街市因战争后期的空袭被炸成一片废墟，战争已告失败，有关美军登陆的流言四起，我也手持自制的弓箭与人群一起逃进山里。我曾认真想过，碰见美国兵就用弓箭袭击。而且，在战争中军部一直鼓吹要同"鬼畜英美"在日本本土展开决战。所以，我以为日本军队一定会率先转入深山，准备展开游击活动。

然而，被渲染得那么英勇无比的日本军队，几乎毫无抵抗就放弃了武装。在欧洲战线，面对侵入国土的德国军队，各地都开展了游击战。而日本有那么多高山，但谁也没想要占据山地，进行抵抗。日本人究竟为什么会如此顺从？作为小孩，我心里觉得不可思议。那时的景象我现在依然记得。

基本而言，日本人具有温和、亲切、淳朴的性格，这或许与日本的风土深深相关。日本列岛四季分明，从狩猎采撷时代开始，在山里，有自然恩赐的丰富的果树、猎物；在海上，因黑潮（发源自菲律宾的日本暖流）和亲潮（千岛寒流）合流，提供了丰富的水产资源。靠山靠海，享尽自然的恩泽。另外，在历史上日本从未受过异族的侵略，没有被异族统治的痛苦经历。作为一个温良敦厚的民族，日本孕育了自己固有的文化。

正因为是具有这种地理、历史背景的民族，所以，"再这样下去，我们将会灭亡！"领导人必须向国民大众高声猛喝，必须反反复复告诫大家，危机真的已经迫在眉睫。

燃起激烈的斗争心

因此，现在的日本最需要的就是斗争心，"不认输！决不认输！"也就是所谓"燃烧的斗魂"。

几十年来，我全身心投入了京瓷和 KDDI 的经营，在这过程中，我懂得了存在着使事业获得成功所必需的、普遍性的原则，这些原则超越了时代和环境的差异。我把这些原则归结为"经营的原点"，共有以下十二条：

一、明确事业的目的意义
——树立光明正大的、符合大义名分的、崇高的事业目的。

二、设立具体的目标

——所设目标随时与员工共有。

三、胸中怀有强烈的愿望

——要怀有渗透到潜意识的强烈而持久的愿望。

四、付出不亚于任何人的努力

——一步一步、扎扎实实、坚持不懈地做好具体的工作。

五、销售最大化、经费最小化

——利润无需强求，量入为出，利润随之而来。

六、定价即经营

——定价是领导的职责。价格应定在客户乐意接受、公司又盈利的交汇点上。

七、经营取决于坚强的意志

——经营需要洞穿岩石般的坚强意志。

八、燃烧的斗魂

——经营需要强烈的斗争心，其程度不亚于任何格斗。

九、临事有勇

——不能有卑怯的举止。

十、不断从事创造性的工作

——明天胜过今天，后天胜过明天，不断琢磨，不断改进，精益求精。

十一、以关怀之心诚实处事

——买卖是双方的，生意各方都得利，皆大欢喜。

十二、保持乐观向上的态度，抱着梦想和希望，以正直坦诚之心处世。

这十二条中的第八条"燃烧的斗魂"，我认为是现在的日本最为需要的。

近年以来，日本经济增长迟缓，国民间笼罩着停滞感和闭塞感。这时候，再加上东日本大震灾的影响，整个社会陷入同情和哀伤的气氛中，到处都呈现对灾区灾民的纯净的关爱之心。

当然，关爱他人的美好之心必不可缺。但只靠这一条不行，那样企业会在市场竞争中落败，会被淘汰出局。同时，整个国家也会在全球竞争中走向衰落。

时代发生了巨大的变化，经济环境处在激剧的变动之中。我认为，正因为处在这种混沌的状况之中，我们才更需要"绝不服输"的拼搏精神，更需要"燃烧的斗魂"，这才不至于在乱局中迷失方向，在环境的大变动中失败衰退。

我这么讲，或许有人认为我不谦逊。但是，大地震造成的伤痕尚未痊愈，而我们周围的经济环境又极其严峻。正是在这种时刻，为了挽救日本经济，"绝对不能认输！"必须有这种斗争心，必须具备燃烧的斗魂。

在商场上尤其需要斗魂，企业经营和日常的企业活动就要真刀真枪见胜负，遭遇激烈的竞争乃是家常便饭。不管面临多么严峻的状况，领导人都要燃起激烈的斗争心，并在部下面前显示出斗志昂扬的风貌，看着领导人的背影，部下就能提升士气。

相反，领导人稍有软弱的表现，这种负面信息很快会在组织内部扩散，整个公司的士气就会下降。为了在严酷的企业竞争中取胜，经营者必须具备不亚于任何角斗士的魄力和斗魂。

现在，在低收益或者亏损中苦苦挣扎的日本电子电器产业，以及担忧衰退的其他产业领域，不管处在何种商业环境之下，只要激起斗争心，灵活应用现有的经营资源，付出不亚于任何人的努力，不断地钻研创新，就一定能开拓生路，大幅度扩展自己的事业。

在部分产业界，出现了"依赖政府"的心态，即由政府主导以求企业重建的动向。这种向上伸手、依靠政府的态度，有过成功的先例吗？我认为，缺乏无所畏惧的气魄，缺乏独立自尊的精神，就不能激起战胜对手的强烈的斗争心，这样的企业绝对经营不好。

要突破当前日本产业界低迷的困境，就必须涌现出一批强有力的领导人，他们必须具备无论如何都要把公司做好、做强的坚定的信念，并在此基础之上，以"燃烧的斗魂"去做事、去克服一切障碍。

但是，具备坚强的意志、具备燃烧斗魂的领导者，在如今的日本大企业的高层干部中几乎没有。"多一事不如少一事"、"不求有功，但求无过"、畏惧失败，甚至不愿意同问题正面对峙、逃避矛盾等倾向随处可见。

在战后的产业界，松下幸之助先生、本田宗一郎先生、井深大先生等满怀豪情的创业型经营者，他们犹如夜空闪耀的群星，在战后的一片焦土中，燃起不屈不挠的斗志，努力拓展企业，成为复兴日本经济的原动力，成为日本经济高速增长的起爆剂。日本必须成为这一类经营者再次涌现、再度辈出的社会。

备尝艰辛，在艰难困苦中锤炼了强烈斗争心的人，应该作为领导人挺身而出。在日本和平富裕的社会背景下，具备勤奋踏实的员工，具备精湛的技术，具备充足的资金，这样的企业很多很多，只要持有"燃烧的斗魂"的领导人站出来，努力奋斗，日本一定能够获得新生。

摆脱这个国家面临的危机，让日本社会走上重生轨道所必需的"燃烧的斗魂"究竟是什么？在下一章中，将阐述我的思考。

第二章 经营需要『燃烧的斗魂』

引领战后复兴的经营者

日本从战后起到 20 世纪 80 年代，经济的发展非常顺利，但在泡沫经济破裂后，景气长期低迷。在这期间，或许是满足于现状，或许是对经济的继续增长已不抱希望，总之，大多数日本人都想稳稳当当地生活在这个富裕的社会。

在这一点上，经营者也一样。同中国和韩国的企业经营者相比，日本的许多经营者甚至已经失去了直面困难、不断挑战高目标的气概。

原本日本人是一个"以和为贵"的民族，并且常常过度地向"和"的方向倾斜。当然，在陷入困境时，也会表现出斗志，决不服输，发挥出战斗性的一面。但一般来说，他们不会主动去战斗，日本人原本就具备温和安稳的性格。

但是，正是现在，日本人必须具备激烈的斗志、"燃烧的斗魂"，就像战国时代的武将山中鹿之助一样，高呼"给我七难八苦吧!"敢于自己主动揭示困难的高目标，并坚决果断地朝着实现目标的方向奋勇前进。

前面已说过，在战争失败后的一片焦土之中，松下幸之助先生、本田宗一郎先生、井深大先生等企业领袖们，燃起不屈的斗志，努力拓展企业，为日本经济的复兴竭尽全力。这一批经营者就是以"燃烧的斗魂"引领企业大踏步发展壮大的。

例如，本田宗一郎先生开始不过是一家汽车修理厂的老板，据说年轻时脾气非常暴躁。现场有人工作马虎，铁拳和扳手什么的马上就会飞过来。他本人公开说过："年轻时为了赚钱才当老板。为什么赚钱呢，就是为了享乐。"每天晚上招来艺伎，喝酒唱歌，喧闹不已。

京瓷公司诞生不久，我去参加一个经营研讨会。讲师中有本田先生的大名，我很想听一听这位著名企业家的高见。研讨会借用某温泉旅馆，三天两夜，参会费达数万日元，这在当时是一笔不小的数目。但我无论如何也想见见本田先生，听听他的讲话。于是不顾周围人的反对去参加了。

当天，参会者先泡了温泉，换好浴衣，在一个大房间坐下，等候本田先生到来。不一会儿，本田先生露面了，他从浜松工厂直接赶来，穿着油渍斑斑的工作服，一开口，就给了众人一个下马威：

"各位，你们究竟是干什么来的？据说是来学习企业经营的。如果有这闲工夫，不如赶快回公司干活去。泡泡温泉，吃吃喝喝，哪能学什么经营。我就是证据，我没向任何人学过经营，我这样的人不也能经营企业吗？所以，你们该做的事只有一件，立刻回公司上班去！"

本田说话口齿清脆、直截了当，不仅把大家训斥一通，临了还挖苦道：

"花这么高的参会费用，这样的傻瓜哪里去找？"

看到本田这光景，我更加为他的魅力所倾倒："好吧！我也快快回公司干活去！"

要想成就事业就必须成为自我燃烧的人。松下幸之助先生也是，井深大先生也是，他们都心怀"燃烧的斗魂"，具备坚强的意志，克服了无数的困难。这些先人们的炽烈的热情、燃烧般的斗魂就是成就事业的原动力，就是这种精神引导企业不断成长发展。

经营需要斗争心

在我义务传授经营思想的"盛和塾"，面对聚集一堂的中小企业的经营者们，我经常这么强调："世上像企业经营这样，必须有类似拳击、摔跤、相扑等格斗士那种旺盛斗争心的事情，很少很少。"

为什么？因为一般的中小企业都不具备充足的经营资源，为了在残酷的企业竞争中获胜，燃烧般的斗魂必不可缺。

我自己就是这样。

当我赤手空拳创建京瓷的时候，环视陶瓷行业，当时，说起竞争来令人生畏的大企业早已存在，而且有好几家。不仅是技术、历史、实绩，而且在人、财、物，所有经营资源上，他们都有压倒性的优势，他们宛如"巨人"一样，在业界高高耸立。

尽管如此，我还是不知疲倦地反复向员工们诉说："我们要成为京都第一、日本第一、世界第一！"

要成为 Number one 企业，就是行业第一的企业，必须在市场上战胜那些先行的大企业。从营销活动到生产开发等一切方面，我都以"绝对不输给"先行大企业的"燃烧的斗魂"发动挑战。

对于竞争落败，拿不到订单，畏缩不前的销售部门的员工，我曾经这样训斥并激励他们：

"好，如果你做不到，我就在后面用机关枪打你。反正后退也是死路一条，那么你就抱着必死的勇气向前冲吧！"

为了公司的生存，为了员工的生活，经营者只有采取如此严厉的态度，企业才能获得订单，以保住大家的饭碗，并为将来做好准备，无论如何也必须实现既定的经营目标。

如果不采取那么严厉的态度，不把他逼入绝境，那么，已经制定的高目标就不能达成，一旦确定的目标达不成，下次又这样，而且这样的情况反复多次，就说明这个组织已经没有了战斗力，它永远也不可能成功。没有胜利的经验，不懂获胜的要领，这样的团队根本不可能获取最后的胜利。

不管多么困难的活儿，京瓷都断言"能做"而接下订单，似乎是不自量力。但是，京瓷挑战超出自身能力的产品开发，艰苦攻关，把东西做了出来，如期交付客户。这样做的结果是，没过多久，在精密陶瓷领域，京瓷就发展成了世界第一的企业。与此同时，京瓷以精密陶瓷技术为核心，展开多元化经营，现在的规模已经达到了年销售额1.3万亿日元。

精密陶瓷的市场竞争不只限于日本国内，美国的通用电气公司（GE）也曾一度加入进来，参与竞争。但是，后来跟进的GE无法扩大市场占有率，不久就撤出了精密陶瓷的市场。

大约十年前，在东京举办了题为"世界经营者会议"的讲演会，当时我和 GE 的 CEO 杰克·韦尔奇先生在一起。韦尔奇提出了"选择和集中"的战略，除了在行业领域内占据第一、第二位的事业之外，统统撤退。当时，正是这一战略奏效、大受追捧的时期。

就是这位韦尔奇先生当时一边手指着我一边说道："我也犯了一个错误。今天有幸见到稻盛名誉会长，我想起了在参与精密陶瓷竞争的时候，我们像一只小苍蝇一样被轰跑了。"他苦笑着说了这段话。

在商业世界取胜，首先需要的就是斗魂，就是"无论如何也要取胜""不管怎样也必须成功"的一种气势；就是摸爬滚打、不顾一切、奋勇向前的一股冲劲。激起"燃烧的斗魂"、付出"不亚于任何人的努力"者生存；没有斗魂、不肯努力者灭亡。结果只能如此。

战胜自我

自己设定的目标无论如何也要达成，如果把这一条也作为"燃烧的斗魂"之一的话，那么，就很像马拉松比赛，在体育运动的世界里，需要的就是战胜自我。

以前，京瓷女子田径队有位选手参加巴塞罗那奥运会的马拉松比赛，荣获第五名（后提到第四名），当时我正好在欧洲出差，特地赶去观战、声援。

比赛在异常的酷暑中进行。取得银牌的运动员有森裕子在冲刺后因气力用尽而立即倒地。但是我们的那位选手不但没倒地，还能轻松蹦跳。在赛后接受采访时她说："因为我的目标是第八，结果得了第五，所以很开心。"听她这么说，我却不以为然。我觉得很可惜，因为她其实内藏着极大的潜力。

在奥运会举行前，我在东京特地与女子田径队的教练和这位选手一起吃饭，当时我就激励她："这次马拉松比赛你一定要紧跟先头那个团队，这点很重要！"

这位选手在前一年强手集聚的世界锦标赛中曾获得银牌，有实绩、有实力。她下一个目标无疑应该是金牌，怎么能说"目标是第八"呢？至少也得同去年一样，最坏也必须夺取铜牌。

为了取胜，她曾燃起激烈的斗魂，投入严酷的训练，如果这样，她应该说的是："本想争夺金牌，但只得了第五，真的很遗憾，也很懊悔！"但她没有这么说。"对于把青春赌在比赛上的自己而言，说什么获得第五就感到很开心了？这难道不虚伪吗？"我甚至想这么对她说。总之，很遗憾，在对她的采访中，我没能感觉到她已经拼尽了全力。

这个话，对经营者也同样可以说。年轻时在青年会议所的集会上，当我向那些业绩不佳的经营者朋友们问及当前的经营状况时，他们往往会说：“呀！就这么回事啦！还算可以啊！”这种言不由衷、马虎搪塞的人还真不在少数。

“原来想把销售额做得更大，利润做得更多，超过一般水平，也想多交税，结果还是事与愿违，因为贪玩，管不住自己，努力不够，所以业绩不振。真的很惭愧，很后悔。明年一定要鼓足干劲，好好干一番！”这样坦诚相告就很好。但这么一讲，好像自我贬损，让人小看。于是就不讲这些，王顾左右而言他：“还算可以吧！都这个样吧！”讲违心话，自欺欺人。

马拉松的例子本质上也是一样。

很早以来人们常讲“不言实行”这句话，意思是不要说，做就是了。但“不言实行”可能导致弄虚作假。因为没有任何承诺，所以可以说“目标是第八”。而如果事前说了“要争夺金牌”，事后就不得不说“很惭愧，是我努力不够”。

在企业经营中也是这样，社长要当众宣布：“我的目标是要做成这样！”因为公开说了，就没有了退路。不给自己退路，就是逼着自己必须真干，逼的结果，自己就会拼命努力去实现自己当众宣布的目标。如果没能实现，就很坦诚、很爽快地说：“是我努力不够，明年继续加油！”

只要第一把手率先垂范，采取这种直言不讳的态度，就可以要求其他董事、干部也这么做。让他们当众表态：销售目标是多少，利润要做多少，并要求他们履行承诺。因为是自己把自己束缚起来，所以这是非常苛刻的，已经在大家面前公开表态了，给自己的压力也会非常大。

由第一把手率先垂范，实行了，但结果仍不理想，这时候可以干脆利落、堂堂正正地对员工们说：“很对不起，是我努力不够，做得不好，明年一定更加努力！”把这种做法变成习惯，公司内部的气氛就会明朗，在明朗的氛围中，董事也好、部长也好，大家都能很自然地贯彻“有言实行”这条原则。

在马拉松比赛前，我说过“要紧跟先头那个团队”！人就是这样，即使勉强，但只要领先别人，状态就会出来，甚至能够发挥出 120%、150% 的力量。搞过体育的人懂这个道理，因状态良好而获胜，这时就会浑身充满力量。

但是，在落败时，就是马拉松跑在后面时，真的会感到腿脚沉重，使不出力。所以，我才激励她“要紧跟先头那个团队”！因为没有做到这一点，她原有的强劲的实力就没能充分发挥出来。

战斗直至胜利

为什么我能这么说，因为在企业经营的领域内也一样，甚至有过之无不及，而这些我都亲身经历过。

京瓷创业时只有 28 个人，但从企业十分弱小的时候起，我就不断向员工们诉说："首先我们要成为原町街第一！成为原町街第一之后，就要成为中京区第一！成为中京区第一之后，还要成为京都市第一！成为京都市第一之后，再成为日本国第一！成为日本国第一之后，最终要成为全世界第一！"当时说这样的话似乎是不自量力、远离常识。

但与此相应，从公司创立的那一刻开始，我们就夜以继日，持续地付出不亚于任何人的努力。用马拉松做比方的话，就是不考虑自己的体力，始终用冲刺的劲头全速奔跑，真是废寝忘食，超越了人的极限。

于是，员工中就有牢骚："照这样拼命，身体能吃得消吗？""这么高速奔跑，长时期的经营能坚持下去吗？"大家都抱有这种疑问。

我对员工们这么说：

"打个比方，日本的经营竞赛、企业马拉松比赛，京瓷是后来加入的。比赛从 1945 年 8 月 15 日战争结束时开始，大家一齐起跑。京瓷创建于 1959 年，就是晚了 14 年。把 14 年假设成距离的话，就是先头团队已跑出了 14 公里，这时京瓷才开始起跑。马拉松要跑完 42.195 公里，已经拉开了 14 公里的差距，何况我们又不是一流的专业选手，如果按普通速度去跑，根本不可能取胜。那样经营企业就没有意义，既然如此，不如一上场就全力疾驰。"

从创业时讲这番话开始，不过十余年，京瓷就在大阪证券交易所二部成功上市。二部上市意味着京瓷以迅猛之势追上了跑在前面14公里的第二团队，将它纳入视野，并跑进了这个团队。

当时的情景历历在目。那夜，在滋贺县京瓷工厂的广场上，全员集合，用松树圆木扎成高台，燃起篝火。当时员工的规模已有数百人。我以篝火作背景，就二部上市意味着什么，对大家讲了下面一段话：

"感谢大家至今为止的辛苦劳动。从公司创立开始，大家就拼命工作。从旁人看来'像拉车马那样快速奔跑，不可能持久'，但我们却一直以全速在跑马拉松。或许正如大家所说：'这么拼命太过分了，这样工作太辛苦了！'确实，我们可能超出了自身体力的界限，但在奔跑过程中，我们明白了我们可以用这个速度跑；同时我们还明白了先跑的选手们速度并不快。而且全力奔跑的结果，我们已经追上了先跑了14公里的第二团队。全速奔驰跑马拉松是可以的！跑到这里，下一个目标，就是前面的第一团队，东京证券一部上市公司，让我们追上那个先头团队吧！"

我这样激励大家。接着我们继续全速奔跑，在二部上市后的第三年，京瓷就跑进了"东证一部"，并且在第二年，股票超越索尼，雄踞日本股价第一。而不久以后，又在纽约证券交易所成功上市。

虽然有人说，全速奔驰那是"根本不可能的事"。但是，自创业以来，在经营这个赛场上，我们却一直在全速奔驰，跑到了今天。

再回到马拉松的话题。"为夺取金牌，就要跑进先头团队！"在专家们看来，说这话不过是"勇而无谋"。因为比赛的条件异常严酷，即使坐着也满头大汗，气温高达摄氏三十几度。但是，不管如何"勇而无谋"，如果想要夺取金牌，最重要的就是从一开始"就要跑进先头团队"！

不敢去做被认为"不可能"的事，就不可能成大事。另外，挑战所谓"勇而无谋"的事，所需要的身体条件她应该具备，因为通过一年的严格训练，她的体质已经得到了充分的锻炼。根据她的实力，她瞄准的就应该是金牌。

人们认为"绝对不可能的事情"，我们用人们认为"绝对不可能的方法"做成了，这才有了今天的京瓷、KDDI。如果只靠常识范围内的风格行事，绝不可能有今日的成就。

就是说，即使人们用常识思考认为"绝不可能、根本做不了的事"，也要果断挑战，付出不亚于任何人的努力，每天充满斗志，不断钻研创新，全身心投入。经营者绝对需要这种战斗直到胜利为止的、不屈的"斗魂"。

要共有经营目标

重要的是，这种"斗魂"不是经营者一个人具备就够了，包括员工在内，整个企业应该成为具备"燃烧的斗魂"的团队。

要做到这一点，必须引发员工的共鸣。本来，所谓经营目标，就是产生于经营者的意志。面对这个经营目标，全体员工能不能认同、能不能发出"那就让我们一起干吧"这种共鸣，就变得非常重要。

换言之，就是要把经营目标这一经营者的意志，变为全体员工的意志。

员工一般不肯率先提出让自己吃苦的高目标，所以经营目标还得通过经营者自上而下来决定。但光是自上而下，员工就不愿意追随。经营的高目标必须由员工们自下而上提出。这就是所谓"把经营者的意志变为员工的意志"。

为此，经营者自己具备"燃烧的斗魂"，在朝着实现目标的方向迈进的同时，必须提升整个集团的斗志。

做到这点，在中小企业也不难，"咱们公司前景光明，虽然现在规模还小，但将来的巨大发展，大家可以期待"。在平时就应反反复复、不厌其烦讲这类激励人心的话。时机成熟后，可开个"酒话会"，一起干杯后就开口："今年我想把营业额翻一番。"

这时，让那些办事差劲，却善于迎合上司的家伙坐在身旁。他们就会接话："社长，说得对！干吧！"于是那些脑子好使、办事利索但冷静过度的人就难以启齿反对。不然，一听高目标，他们就会泼冷水："社长，那可不行，因为……"讲一大套行不通的理由。但这时的气氛使消极者不好反对，而且不知不觉中甚至随声附和。结果提出了比经营者当初提出的目标更高的目标，而且当场就会在全员赞同之下得以通过。

就是说，经营也要用到心理学。即使是很低的目标，若让"冷水派"先发言，他们也会说"不合理，太难，不可能完成"！气氛消沉之下，经营者期望的高目标就可能落空。

我认为，一定要设定高目标，然后向高目标发起挑战。当然目标过高，一年，两年，甚至连续三年完不成的话，高目标就成了水中月、镜中花。其副作用是：今后谁也不会认真理会经营者的经营目标了。

但是，如果只设定比前一年高出一丁点的经营目标，就不能激发员工士气，公司会失去活力。

下面的办法多用不好，但在京瓷还小的时候，我曾采用过。

"瞄准月销售额十亿日元，达成，全员去香港旅游；达不成，全员去寺庙修行！"在目标完成、完不成的微妙时刻，我这样宣布。

结果大家一阵猛干，高目标顺利达成，于是包了飞机，全员赴港三日游。借此又与员工进一步增强了一体感。

经营者不是靠简单下命令来完成目标，而是要鼓励员工的士气，调动他们的积极性，让经营目标与员工共有。这就需要经营者开动脑筋，想出各种各样的方法。

当然，最重要的不是策略和手腕，而是经营者必须想尽各种办法，借用一切机会，直率地将无论如何必须达成目标的坚定决心传递给员工。

在京瓷还小的时候，有一年年终，我感冒发高烧，打着点滴，但仍连续50多次参加所有部门的辞旧迎新"忘年会"。在宴会上与全员交杯敬酒，促膝而坐，热切交谈。通过这样的机会，阐述我对明年事业的展望与构想，以求获得全体员工的理解和协助。

这样竭尽全力，把自己的构想全盘告诉员工，要说的话说尽，我已感觉浑身虚脱，似乎用尽了自己的全部能量，将其原封不动转移给了员工。"能量转移"这个词用在这里，恰到好处。

经营者应该尽最大努力，让体现其意志的经营目标与员工共有。只要能鼓动起员工的热情，朝着实现目标的方向奋进，企业就一定能达成经营目标，企业的成长发展将不可阻挡。经营者的"燃烧的斗魂"转移到员工身上，企业整体变成一个具备"燃烧的斗魂"的团队，就可以实现被认为是"不可能实现"的经营目标。

以生命守护团队

还有，对于经营者来说"以生命守护员工和企业"的气概和责任感也必不可缺。这也是经营者必须具备的"斗魂"之一。

例如，随着企业的成长发展，会引起黑社会势力的注目，他们往往会来插手。这时为了保护企业不受侵害，就需要格斗士一样的"斗魂"，需要压倒敌手的大无畏气魄。

但是，为了捍卫团队的"斗魂"，并不是靠粗野，并不是靠张扬暴力，而是靠母亲保卫孩子时不顾一切的那种斗魂。

例如，当鹰袭幼鸟时，母鸟奋不顾身，冲向强大的敌人。为了保护自己的孩子不受外敌的伤害，母鸟不顾自身的危险，把敌人引向自己。为了救自己的孩子，即使是母鸟，也会突然表现出惊人的勇气和不可思议的斗魂。

我认为，经营者在履行使命的时候，也少不了这样的斗魂。即使平时柔弱，不会吵架，看不出有什么斗魂，但是一旦成为经营者，为了保护广大员工，在面临危险时，需立即挺身而出。没有这种气概，经营者就不可能得到员工们由衷的信赖。这种英勇气概，来自强烈的责任感。无论如何也要保护企业，保护员工，这种责任心，使经营者勇敢而且坚定。

现在的日本，抗御外敌保护企业、保护员工的经营者少见，相反只知明哲保身的经营者却很多。我们时而会看到，有些大企业发生了丑闻后，经营者往往推卸责任，叫部下引咎辞职。这是因为选错了领导人。

挑选经营者不应该只看能力，应该把真正具备斗魂，为了保护企业、保护员工，哪怕粉身碎骨也在所不辞的人，将具备这种气概和责任感的人选作经营者。

战胜经济变动

领导人不仅对于眼前的竞争对手，而且对于不断袭来的经济变动，也要以"燃烧的斗魂"迎面相对。企业经营者决不可以拿日元升值、行业不景气等经济变动当作借口。

在企业经营中，难以预测的要素非常之多。比如为实现事业目标制定了销售和利润计划，但因为突发事件引起的萧条等，很多不确定因素，会使计划很难如意推进。但是，即使在这种情况下，经营者也必须继续向员工们揭示高目标，坚持相应的事业计划，凝聚全体员工的力量，朝着目标实现的方向努力奋斗。

如果因为环境的变化导致当初定下的目标无法实现，那么就会给买了股票的投资人带来困惑。更坏的是，难以回报为企业吃苦耐劳的员工。就是说，无论有多少不确定因素，也一定要实现自己定下的目标，这就是经营者必须履行的使命。

正因为如此，所以我认为经营者必须以"燃烧的斗魂"去经营企业。一旦确定了目标，无论发生什么情况也一定要实现目标，这种坚强的意志在企业经营中必不可缺。

但是，不少经营者眼看目标达不成，或立即准备借口，或修正目标，甚至将目标、计划全盘撤销。经营者这种轻率的态度，不仅使实现目标变得根本不可能，而且会给予员工极大的消极影响。

我对此事的深切体验，是在"京瓷"股票上市之后。股票一旦上市，就必须公开发布公司下一期业绩预告，对股东做出承诺。但许多经营者往往以经济环境变化为理由，毫无顾忌地将已经向股东承诺的数字向下调整。

但是在同样的经济环境下，有的经营者却能出色实现目标。我想，在环境变动频繁又剧烈的今天，经营者如果缺乏无论如何也要达到目标、履行承诺的"燃烧的斗魂"，经营将难以为继。

一味将经营去"凑合"状况变化，结果往往不妙。因为向下调整过的目标，遭遇新的环境变动，不得不再次向下调整。一遇困难就打退堂鼓，经常这么做，必将完全失去投资者和企业员工的信赖。既已决定"要这么做"，就必须以"燃烧的斗魂"贯彻到底。

比起大企业，倒是中小企业的经营者们，无论遇到怎样的经济变动，都敢于以昂扬的斗志去面对困难。

我自己就是这样。不妨回顾一下发生在"石油冲击"时的情况，那时京瓷还处于中小企业的阶段。

直面萧条

由 1973 年 10 月的"石油冲击"引发的经济危机十分严峻，当时京瓷的订单，在短短六个月之间就降到原来的十分之一。我当时就是凭着"以生命守护员工和企业"的气魄和斗志面对困境。

另外，为了克服经济变动，让事业持续生存发展，在这股逆风之中，我着手太阳能发电事业等多元化经营。现在太阳能发电事业已经成为支撑京瓷收益的重要事业之一，并正在继续成长。

从这类经验中，我得出了"萧条是成长的机会"这个结论。遭遇萧条，通过拼命努力，企业可以造出一个"节"来。像竹子一样，竹节越多，企业的体质就会变得越发强韧。

那么，在"石油冲击"这一空前的经济危机面前，我们是如何以"燃烧的斗魂"去面对，又是怎样强化京瓷的企业体质，为下一次飞跃造出一个"节"来的呢？

1973年10月6日，第四次中东战争爆发，以阿拉伯产油国为中心的阿拉伯石油输出国组织（OAPEC），削减了对以色列友好国家的出口，同时，石油输出国组织（OPEC）连续两次将原油价格提升了两倍以上，原油的批发价因此一举飙升了将近四倍，这就是第一次"石油冲击"的开始。

这给了大量消费石油的先进国家以沉重打击，出现了世界性的经济危机。尤其是对于76.3%的能源消费依赖石油、世界最大的石油进口国日本来说，这一事件甚至危及了国家的存亡。

随着石油价格猛涨，以石油制品为中心的批发物价指数、消费者物价指数也随之上升，最高上涨了25%，整个日本陷入了恐慌之中，甚至有流言说厕所的卷筒纸也将脱销，商店里消费者蜂拥而至，全国各地一片混乱。

从1974年年初开始，景气直线下滑。拿京瓷作例，1974年1月，京瓷的月订单额有27.5亿日元，但到了六个月后的7月，骤减至2.7亿日元。生产现场有九成员工无活可干。

为了克服这次危机，不少企业或者裁员，或者让员工回家待岗。但是，我决不这样做。京瓷一贯都把"追求全体员工物质和精神两方面的幸福"作为企业的经营理念，创业以来的历史就是一直与全体员工同甘共苦，这时候更要全员团结一致，熬过难关。无论如何必须"死守全员雇用"这一信念毫不动摇。同时我还考虑，企业这时也不能失去活力。

当时，我把员工们召集起来，讲了下面一番话：

"不管怎样，我都不会解雇员工。但是，可干的活只有十分之一，如果仍由大家一起干，效率就会降低，就会出现生产效率非常差的生产线。因此十分之一的活由十分之一的人员来干吧！离开生产线的人就去打扫工厂吧！"

花了好大工夫提升的生产效率必须照样维持，从生产线上撤下来的人员，让他们去打扫工厂、修缮庭院、整理花坛、平整运动场等，去做那些平时没空去做的美化环境的工作。同时，通过研修班，学习并加深对公司哲学的理解。这种做法持续了几个月。

冻结加薪的决断

尽管采取了这些措施，但严峻的情势却依然没有变化。

进入 1974 年 11 月，我召集干部开会，决定从社长开始一直到系长，所有管理人员全部降薪，我是社长，降30%，减得最少的系长降7%，目的是保证继续雇用所有的员工。

当时的日本处于战后经济的高速增长期，一直到"石油冲击"之前，日本的景气一路上升。同时，通过每年的"春斗"，工资每年上涨20%～30%。

我们虽然实施了降薪，但第二年四月的"春斗"已经迫在眉睫。这时我向京瓷工会提出了冻结加薪的请求。

工会诚挚地接受了我的要求，冻结了加薪。当时日本许多企业因工会要求加薪，劳动争议频繁发生。在这种情势下，京瓷的工会却很快理解了冻结加薪的决定。

当时京瓷工会的上级团体"全纤同盟"批判京瓷工会的冻结加薪决定，并施加压力。他们的主张就是："经营者、资本家总是寻找各种借口拒绝给员工加工资。我们不能屈服，正是现在，我们应该提出强硬要求，争取加薪斗争的胜利。"

但京瓷工会没有屈服于这种压力。

"我们劳资同心协力保护企业，从企业现在的环境来看，社长提出冻结加薪并不过分，所以我们决定接受。如果你们不高兴，责备我们是胡来，那么，我们就退出'全纤同盟'！"

加盟工会退出，对工会的上级团体而言，是一种屈辱。他们不但会失去下级工会上缴的费用，而且这种动向如果波及其他工会的话，上级工会本身能不能存在也会成为问题。但是，京瓷工会不惧压力，毅然退出了上级团体。

"很好！想不到你们走到了这一步！"我对京瓷工会表示衷心的感谢。

加薪冻结到 1975 年 7 月，从"石油冲击"开始经过了一年半，景气终于恢复，同时公司业绩也开始上升。

于是，在当年发夏季奖金时，我在工会要求的数字之上再加上一个月，发了 3.1 个月的奖金。而且第二年，即 1976 年 3 月，又决定再支付一个月的临时奖金。在这之上，再将 1975 年冻结的部分补进去，支付了两年的 22% 加薪，以此来报答员工和工会对我的信任。

在这期间，1975 年 9 月，前面也提到，京瓷的股价达到 2990 日元。当时雄踞日本股价首位的是索尼，但这次京瓷超越了索尼，占据了日本第一的股票价格。我认为，这就是与员工共同奋斗、克服危机的结果。

我就是这样，订单在短短几个月内骤降至十分之一，遭遇这种难以想象的萧条时，不惜"以生命守护员工和企业"，燃起斗魂，结果不仅顺利克服了危机，而且实现了企业新的增长。

萧条是成长的机会

从克服"石油冲击"等各种各样的经济萧条的经验中，前面已提到，我认为应当把萧条视为成长的机会。实际上，每一次闯过萧条期后，京瓷的规模都会扩大一圈、两圈。

以萧条为机会强化企业体质，为企业的下一次飞跃积蓄力量，这好比樱花。据说冬天越是严寒，樱花在春天越是烂漫。像经历严冬的樱花在温暖的春天里绽放花朵一样，企业也能把萧条作为动力，实现更大的飞跃。

可见，萧条是艰难的、痛苦的。但必须把萧条作为再次飞跃的一环。萧条越是严重，我们越要燃起斗魂，以积极开朗的态度，全员团结一致，不断钻研创新，倾注全力，闯过这道难关。这非常重要。

把萧条当作成长的机会，具体的方法，可以列举如下四项：

①强化与员工间的纽带
②彻底削减经费
③全员营销
④致力于开发新品

强化与员工间的纽带

首先，萧条是加强与员工间的纽带的绝好机会。

在困难的局面之下，职场和企业的实力受到考验，即使景气时劳资关系良好，但萧条来临，经营者就不可能对员工光说好话，比如，向员工提出要减少工资，往往会碰到意外的抵制。同甘共苦的人际关系、职场的良好风气是否真的已经建立？从这个意义上讲，萧条就是考验"劳资关系的试金石"，必须把它视作是调整和再建企业良好人际关系的绝好机会。

彻底削减经费

趁着萧条的机会，尽可能节减一切方面的经费。这样，当转为景气时，就能变成一个高收益体质的企业。

我在遭遇萧条时，曾经努力彻底地削减各方面的经费——改革陈旧的生产方法、合并不必要的组织等，进行根本性的合理化改革，彻底削减成本。只要把萧条作为良机，彻底削减了经费，一旦经济恢复，订单增加，马上就能实现高收益的企业体质。

全员营销

还有，在萧条期，全体员工都要成为推销员。

在遭遇第一次"石油冲击"时就是这样。当时京瓷销售的东西只有工业用的精密陶瓷材料和零件，没有在一般流通渠道销售的东西。因此，只好到购买我们产品的客户那里低头恳求，利用精密陶瓷的特点，提出开发新产品的方案，进行促销活动。

当时我就向全公司发出号召"让我们实行全员营销吧"！

包括没有销售经验的生产一线的员工在内，号召所有的人都去卖产品。

实际上，连与客户招呼都没打过的人，只会埋头现场工作的人也要出去营销，夹着汗水拜访客户。"有活吗？有什么可以让我们干的吗？我们什么都干！"他们就这样拼命地争取客户的订单。

这样的做法产生了意想不到的成果，一般来说，生产和销售往往是一种对立的关系，比如，订单不多时生产会对销售发牢骚："销售拿不到订单，所以没活可干。"销售反过来又怪生产："你们没有生产出能畅销的产品，所以没东西可卖。"互相之间会争吵起来。但是互相站在对方的立场上，就能理解对方的苦衷。比如生产人员也去卖东西，他们就会明白营销不容易。这样就会促进生产和销售两者的和谐，互相理解对方的心情，从心底里互相配合。全员营销对融合生产和销售双方的关系，起到了很大的作用。

另外，一流大学毕业、头脑聪明的大企业的董事，许多人到客户那里推销产品却不懂得要低声下气，要像小伙计一样，低头搓手，恳求订单。我们必须有当仆人的精神，这是商业活动的基础。正是在萧条期，让董事、干部以及员工们都品尝向他人低头恳求订单的滋味，让他们实际体验到要订单有多难，经营企业有多难，这是很重要的。

在萧条期，曾经有电器厂家用自己公司的产品代替年终奖发给员工。我认为这绝不是最好的办法。比起把库存发给员工，不如号召全员营销来减少库存。让制造部门、研发部门的人都懂得低头营销的艰难，并了解客户的真实需求。这么做更有意义。

还有，在萧条期，在号召全员营销的同时，经营者必须亲自出马，积极展开"社长营销"。在"石油冲击"期间，订单减少，为争取订单我满世界跑。不是光催促销售员搞推销活动，也不是只让生产部门的人去吃苦，经营者自己必须率先垂范，跑到销售第一线，无论多小的订单，也要跑去争取，这是很必要的。

致力于开发新品

最重要的是，越是在萧条期，越是要致力于新产品、新商品的开发。

因为萧条，订单骤减，过去的产品卖不动。但是，即使萧条，市场上肯定仍有需求的东西，在展开营销活动时，认真听取客户的意见，从中看出市场到底需要什么，再据此开发新产品。

现场许多技术开发人员平时就考虑过开发这样那样的新产品，有许多点子或构思，萧条时正好，不要停留在点子或构思的阶段，而是积极行动，拿到客户那里，唤起客户的需求。

正是在萧条期，有空闲开发新产品，为下一次飞跃做准备，从这个意义上讲，这是企业经营中极其重要的事情。

在京瓷，萧条期开发出新产品的好例子，可以举出用于钓鱼竿的陶瓷导向圈。

现在，几乎所有鱼竿的导向圈都用精密陶瓷，但这个产品却是从京瓷的一名销售员的强烈愿望开始的，就是"无论如何也要确保销售额"。

第一次"石油冲击"时，纺织机械完全卖不动，纺织机械上使用的京瓷的陶瓷零件也断了订单。那时，负责纺织机械的销售员去拜访了静冈县的一家鱼竿制造商。

钓鱼的鱼竿附有卷线装置，以前，钓鱼线滑动的接触部位使用金属导向圈。但金属导向圈因摩擦系数大，钓鱼线滑动阻力大，钓到大鱼时，会因摩擦生热而断线。这位京瓷营销员注意到了这一点。

精密陶瓷不仅耐磨损，而且摩擦系数小，因此，纺织机械在与高速运动的纱线接触的部位，就使用陶瓷零件。这位营业员就想到，用精密陶瓷来替代鱼竿上的金属导向圈，既能做到滑动效果好，钓鱼线也不易断掉。

于是，这位销售人员就向渔具厂家提出建议：

"我们京瓷公司制造精密陶瓷，纺织机械在与高速运动的纱线接触的部位，就使用我公司耐磨的陶瓷零件。贵公司生产渔具，你们鱼竿上与钓鱼线接触的金属导向圈，改用陶瓷试试怎么样，一定非常适合。"

但是鱼竿上的导向圈，并不像纺织机械因为纱线不停的高速运转而很快磨损，只是投竿、收竿时滑动一下。所以对方回答说："用陶瓷的价格高，没必要。"

但这位销售员不死心，为了引起对方的兴趣，继续耐心地动员说："用陶瓷零件不仅不磨损，而且可以减少与丝线之间的摩擦系数，这样线就不容易断，在钓鱼时这点应该是很重要的。"

　　渔具企业的领导人听了这位销售员的话同意试试。先用原来的金属圈，加上负荷用力拉，果然鱼线发热断裂，然后换上陶瓷圈，一点问题没有，线不断，钓到大鱼线也不断，这是很大的卖点。

　　"就是它了！"渔具企业领导人一锤定音，接受了陶瓷做的导向圈。现在陶瓷导向圈已经在所有高级钓鱼竿上被采用了。

　　这一陶瓷导向圈从静冈渔具厂开始推广到全世界，"石油冲击"已过去了近40年，京瓷每个月仍要销售几百万个，对我们的经营持续做出了贡献。

　　萧条期开发新产品，不要想得太难。可以在自己公司的技术、产品的延长线上开发出从来没有的、全新的产品。而且就是在这延长线上的产品也能对经营做出巨大的贡献。开发这样的新产品正是在萧条期应该努力去做的。

　　可见，经营者应该把萧条理解为上苍为了使我们企业变得强大而赐予我们的机会，并借此机会努力改进企业经营。同时，经营者率先垂范，具备面对萧条绝不认输的气概，也就是具备"燃烧的斗魂"是绝对必要的。

第三章 为社会、为世人

"燃烧的斗魂"之根基

到本章为止，阐述了"燃烧的斗魂"的必要性。

"燃烧的斗魂"如果拿飞机来做比方的话，它就是推进力，即发动机。让飞机起飞、升空首先需要这个力量。但是，即使在强大的推进力作用下，飞机顺利起飞、升空了，而要让飞机朝着正确的方向飞行，要让乘客感到安全、安心，就要靠掌握操纵杆的飞行员，由他来控制推进力的方向。

回到"燃烧的斗魂"这句话，就是要问：这种强烈的斗魂，它的动机是什么？

　　我认为，就企业经营者而言，必须具备"为社会、为世人"的高尚的动机。

　　企业经营要获得成功，首先必须有"燃烧的斗魂"，但是，仅仅靠"燃烧的斗魂"开展经营，就有驾驭失灵的可能性。在错误的动机之下，煽动"燃烧的斗魂"，为贪欲而开展商业活动的话，就会危害社会。典型的例子后面将会阐述，即以美国为中心的、基于利己欲望的现代资本主义。

　　但如果以"燃烧的斗魂"积极推进商业活动，而又是基于"为社会、为世人"的崇高的精神，就能够长期持续地发展事业，并走向成功。

　　这里，我想以京瓷长期从事的太阳能发电事业为例，进行介绍说明。

太阳能事业的大义

　　现在，日本开启了电力全量购买制度，加上家庭需求的增长，大规模太阳能发电站计划争先恐后涌现出来。包括来自中国等地的海外生产商也纷纷涌入日本，市场竞争空前激烈。

　　而在这个局面出现之前很久，在 30 多年以前，京瓷作为全世界太阳能事业的先驱，就已经开始开发和批量生产太阳能电池。近年，各国政府开始发放补助金，太阳能发电事业终于步入正轨，于是各公司蜂拥加入。而京瓷却是从很久以前就开始了艰难的尝试，历尽辛酸，创立了太阳能事业，站在行业的前列，开拓前进。

我们的太阳能发电事业的使命，就是要为解决能源问题以及地球环境问题做出贡献。在不久的将来，地球上的石油和天然气资源将会枯竭。另外，只有削减石化能源的使用量，减少温室气体的排放，才能减缓地球的温室效应。

正因为需要在确保人类所必需的能源，保护重要的地球环境的同时，谋求人类的可持续发展，我们京瓷才历时多年，悉心培育太阳能发电事业。

正因为有这样的大义，我们才能在太阳能事业部连年赤字的状况下，将其作为一项"为社会、为世人"的事业，始终不离不弃，以执著的信念和"燃烧的斗魂"不断推进太阳能事业，并在近年来终于开花结果。

"石油冲击"是契机

我想回顾一下京瓷太阳能事业的发展历程。

1973 年，发生第一次"石油冲击"的时候，"必须开发替代石油的新能源！"全世界都发出了这样的呼声。1974 年日本也开始了"阳光计划"，各种各样的太阳能电池的研究开发广泛开展。

我邂逅太阳能电池可以追溯到 1973 年。当时遇到美国泰科实验室技术公司的丝带状硅结晶太阳能电池，我觉得，这对于资源匮乏的日本来说，是一项必不可缺的技术。

于是，在 1975 年由京瓷出资 51%，并征得松下（现在的Panasonic）、夏普的同意，与美国美孚石油公司、美国泰科实验室技术公司，一共五家日美企业成立合资公司——"日本太阳能发电株式会社"，进行太阳能电池的研究开发和批量生产。那时候，从大企业到小的风险企业，有许多公司都加入了太阳能这个行业。

此后，使用太阳能电池的产品开发取得了进展，但是，把太阳能电池作为电力电源的正式的市场却很难培育起来。同时，随着石油供需关系的缓和，社会迅速失去了对太阳能开发的兴趣。

各国都缩减了对这项事业研究开发的预算，本来就不大的市场眼看就要消失。新参与的企业或者破产、或者撤退，大企业也只把力量用在小电池的研究开发上。这个时期是太阳能事业的冬天，是最困难的时光。

"日本太阳能发电株式会社"也一样，资本金用完了，考虑到再这样下去，会给出资者造成困惑，因此，在京瓷承担全部负债的条件下，决定由京瓷 100% 出资，由京瓷单独继续这项事业。

此后，1986 年发生切尔诺贝利核事故，1992 年八国集团首脑会议上提出了有关地球暖化的问题，由此，虽然步伐不大，但世界还是再次把目光投向了太阳能发电，因为这是既清洁、又安全的能源。

到了 20 世纪 90 年代中期，日本以及有关各国，为促进太阳能发电的普及开始注入力量，放宽限制，采取各种扶助政策。这个领域终于曙光初现。

进入 21 世纪，以德国、西班牙为中心，欧洲开始实行太阳能电力的固定收购制度，市场很快活跃起来。由于欧洲这一固定收购制度，太阳能发电才算走上轨道。但因为各国对收购价格进行抑制，这个市场一时又冷落下来。

但是，正如前面所述，从 2012 年 7 月起，由于日本也开启了电力全量购买制度，大规模太阳能发电站计划相继出台，现在市场正在顺利扩展。

在这一进退沉浮、变化剧烈的市场中，许多企业见机而入、相机而退，这种情况不断反复。但是，京瓷却纹丝不动。虽然这个过程并不是一帆风顺，但是，京瓷却始终怀抱"燃烧的斗魂"，坚持执著的信念，不让太阳能事业火种熄灭，埋头苦干、兢兢业业，一直把这项事业持续到今天。

为什么京瓷能够这么做？因为京瓷具有大义，具备"为社会、为世人"的崇高的精神。

为世人的幸福做贡献

开启太阳能事业的动机就是"通过使用太阳能，为世人的幸福做贡献"，我们一如既往、彻底贯彻这个初衷，现在也毫不动摇。而且这与京瓷的经营理念的后半部分，即"为人类社会的进步发展做出贡献"也完全吻合。

正因为秉持这样的"大义"，1973 年面临"石油冲击"时，当日本在能源危机中暴露出它的弱点以后，我们开始思考，有没有办法利用京瓷具备的技术为社会做贡献？这才开启了太阳能事业。

当石油供需关系缓和，能源危机远去以后，单纯把太阳能看作商业机会的企业，因无利可图纷纷撤退，但京瓷却屹立不动，果断地将事业继续推进。

同时，京瓷站在世界的前头，致力于多晶硅太阳能电池的开发，不断地进行技术创新。

自从太阳能事业开始以后，就长时期处于亏损状态。尽管如此，我们要将事业继续下去的意志丝毫也不曾动摇。

另外，尽管企业的经营环境一直非常严峻，但是，我们对发展中国家馈赠太阳能发电系统的活动，仍然踏踏实实地进行。

还有，为了让太阳能发电走向普及，以京瓷为中心设立行业协会，促使国家放松限制，在促进住宅用太阳能发电方面，也率先努力，做出了贡献。

这可以称之为"执著而强烈的信念"。京瓷为什么能够凭借这种信念将太阳能事业坚持到今天？京瓷从事这项事业的全体人员，在太阳能发电的普及能够"为社会、为世人"做贡献这一崇高精神的鼓舞下，自事业开始起，就持续不断地燃烧他们的斗魂。我认为这就是问题的答案。

资本主义的原点

如上所述，商业活动需要以"燃烧的斗魂"进行挑战，但是，作为前提，必须具备"为社会、为世人"的崇高的精神。

回顾资本主义的历史，初始阶段，它的目的也是"为社会、为世人"做贡献。

资本主义起源于基督教社会，特别是伦理教义非常严格的新教社会。早期资本主义的倡导者都是虔诚的清教徒。

根据马克斯·韦伯的观点，他们为了贯彻基督教有关"邻人爱"的精神，日常生活尽量俭朴，他们崇尚劳动，将企业所获利润用于社会发展是他们的信条。"为社会、为世人"做贡献，就是他们这些清教徒，也即初期资本主义的伦理规范。

因此，在事业活动中，必须以人们都认为是正确的方法追求利润，而且其最终目的，归根结底是为社会做贡献。

换句话说，"为社会、为世人"这种崇高的精神就是初期资本主义的伦理规范。美国早期资本主义的旗手，那些企业经营者们也是贯彻"为社会、为世人"的精神，扩展他们的商业活动的。

贪欲的资本主义已到极限

然而，以现代的美国为中心的资本主义却发生了质变，变为以人的欲望为原动力，希望获得尽可能丰厚的利润，而且希望用尽可能轻松的办法获取利润。他们利用自己的才智和意志，为满足无尽的发展欲望，不择手段，鬼迷心窍。

最有代表性的就是以钱生钱的金融界的所谓"技术革新"。以美国为中心的金融机构，运用高等数学、统计学，以及最先进的 IT 技术，利用"金融杠杆"，不断开发出所谓金融衍生产品，向全世界推销，以获取巨额利润。

换言之，就是以利己的欲望作为发动机，企图以尽可能轻松的办法赚取巨额的利润，而且只想自己一家赚得钵满盆溢。

但是，这种金融衍生产品本已充满了无限膨胀的欲望，在其中又加进了由次级贷款构成的证券，而次级贷款是一种风险极高的债权，让这种债权证券化后的金融产品在全世界流通，最终招致了破灭。2008年9月"雷曼危机"发生，给了世界经济巨大的打击。

以美国为中心，许多国家的大型金融机构濒临破产，各国政府慌忙救助，注入巨额资金。一番折腾之后，世界经济总算暂时趋向了平稳。

但是，没过多久，2009年10月，希腊因政权交替公布了财政赤字，数额巨大，由此所谓"欧洲债务危机"的风暴又刮到了全世界。

追究这过量债务的根源，乃是寅吃卯粮。尽管政府财政拮据，却不断大量发放国债，把账赊到自己国民的子孙头上，并依赖于别国的国民，以满足自己花钱的利己的欲望。我认为这才是真正的原因。

世界经济现在正在资本主义的轨道上运行。1991年苏联以及共产主义阵营解体以后，人类几乎已经把资本主义看作是唯一的经济体制。把这种资本主义所明示的"市场原理主义""经济自由主义"以及"绩效主义"都看作是正确的社会原理而予以采纳。

实行"市场原理主义"和"经济自由主义"，就是在完全放任的经济自由竞争中，明确划分出了强者和弱者，形成了"等级社会"。在这之上，"绩效主义"又把有能力的人和缺能力的人之间的收入差距拉得非常之大，进一步扩大了"等级社会"，制造出了严重的社会矛盾。

特别是美国的经济界，在刚才提到的"雷曼危机"中，企业经营者太过巨额的报酬受到了质疑。不仅社会上，企业内部都觉得很不公平，而且这种发端于自身欲望的、极端的利己主义受到了社会严厉的批判，被斥为"贪婪"！

企业利润是企业全体干部员工共同努力和协作所取得的成果，这种成果却被认为仅仅是企业领导层的功劳。领导层独享高额报酬，这是极不应该的。

何况那些美国金融机构的 CEO 们，他们把自己公司的财务搞得一塌糊涂，理应向员工们谢罪；他们迫使公共资金大量注入，理应向社会道歉；他们通过金融衍生产品的开发和交易给予世界经济莫大的损害，理应向世界请罪。在这种情况下，他们不应该再收取巨额的报酬。

在那之后，美国出台了措施，接受公共资金援助的金融机构，其经营者的报酬必须缩减。另外，就经营者合理报酬的问题也展开了争论。但是，不仅美国，后来在英国的金融界，对于经营干部太过离谱的高额报酬，股东们也提出了强烈的批判，可见，贪得无厌的资本主义还在继续横行。

到了 2011 年 9 月，为了表达对百分之一的豪富占据百分之九十九的财富的不满，"占领华尔街去！"那个大规模的抗议运动，至今让人们记忆犹新。

这个"等级社会"不仅存在于美国，如果把对年轻人和移民的雇用差异包括在内，那么，世界各主要国家都存在这个问题。由此带来的社会矛盾和混乱如果继续推移发展的话，就可能导致世界性的社会秩序的崩溃。对此，我非常担忧。

这种不公平的财富分配，通过社会的监督和各国政府相应的对策，正在进行若干调整。另外，对于刚才提及的次级贷款一类的金融商品，通过加强国际监管和法律的完善，也能给予一定的制约。

但是，只要经营者的强欲贪婪之心不死，仅靠法规和制度，基于绩效主义的等级社会的矛盾和不公平的问题，就不可能根本解决。同时，只要欲望滋长、追求更高回报率的投资人和投资机构存在，所谓高风险、高回报的新的金融产品又会被开发出来，并向世界蔓延，必将招致再一次的经济危机。

在 2013 年 1 月 1 日新年弥撒仪式上，罗马教皇本笃十六世（当时）指出："在缺乏规制的金融资本主义中暴露出来的利己主义、个人主义倾向乃是世界紧张和纷争的温床。"

我认为，现代资本主义的根本问题不在于制度和体制，追根究底，是其根底处的精神的问题。如果不从根本上矫正这种精神，使资本主义变得更有节制，那么，现代资本主义的问题是难以克服的。

我认为，生活于资本主义社会的人们，最重要的就是要具备正确的伦理观、强烈的道德观。资本主义本来就应该是马克斯·韦伯倡导的"为社会追求利润的经济体制"，它不应该是一个利己的东西。

知足者富

在充满利己色彩的现代资本主义社会里，应该怎么去生活？对资本主义进行轨道修正时，有一种思想很重要。这就是"知足"的思想。

"知足"的思想来自于中国春秋时代的思想家老子。老子说："知足者富，强行者有志。"意思就是："懂得对已有的东西感到满足的人，才是真正的富者。同时，能够这样严于律己、并付诸行动的人，才能实现自己的志向。"

人类具备的欲望，是带给近代人类无限发展的原动力，但是，基于欲望的人类活动，再继续无限发展的话，在将来必定会招致毁灭。无论如何都必须限制人类的欲望，这时候首先需要的就是"知足"的思想。

"到这个程度已经足够了！"抑制过度的欲望，将无限扩展的欲望变成有节制的东西，把欲望限制在适当的范围之内，不让它超越地球给予人类允许的负荷，否则，现代文明将会崩溃，人类也不得不走向灭亡。

特别是，地球上约 70 亿人口的一大半都在发展中国家，这部分人现在也想提高生活水平，今后也将以经济的高增长率为目标，他们要消费的资源、能源将有飞跃性的增长。他们要摆脱贫困、追求富裕的希望之火不可能熄灭，当然，要先进国家的人们放弃现有的富裕生活也不现实。

但是，如果把发展中国家的人们将要消费的资源、能源的量，与已经过上高度文明生活的先进国家的人们消费的资源、能源的量相加，地球将不堪负担，地球的资源是有限的。

要构筑一个发展中国家和先进国家的人们在这个地球上共同生存、共同持续发展的社会，首先，以先进国家为中心，人们的意识必须朝着"知足"的方向进行重大的转换，大力抑制人类对资源、能源的消费，这无论如何都是必须的。

大量生产、大量消费、大量丢弃，这种现代社会的生活方式必须从根本上重新审视。同时，通过技术革新，尽可能减少资源、能源的使用量，经济方式必须朝这个方向进行大转换。

在转换经济方式的同时，经营者心灵的转换也必不可缺。

经营者在开展商业活动的时候，不能只考虑"对自己有利就好"，或只考虑自己公司的损益，而是应该把"为社会、为世人"这种崇高的精神作为主轴。如果用"为社会、为世人"这种崇高的精神去经营企业，那么，对只谋求自身利益最大化、陷于利己主义的资本主义进行轨道修正就会成为可能，而世界经济也就一定能够朝着协调的方向持续发展。

回顾自己的人生，我对这一点感受深切。

在京瓷创业时，我们就以血印誓言："大家团结一心，为社会、为世人做贡献！"为此埋头于精密陶瓷的研究开发，用格斗的精神投入经营。

还有，在不断自问是否"动机至善、私心了无"之后，设立第二电电（现 KDDI），把"为社会、为世人"的思想作为开展事业的原动力。

再有，关于日本航空的重建，在毫无胜算的情况下，也是从"为社会、为世人"的宗旨出发，接受了邀请，全身心投入经营。我认为，这些事业之所以都取得了成功，正是因为贯彻了"为社会、为世人"的精神。

回顾长达半个世纪以上自身经营企业的历程，我深深地感觉到，对于经营者来说，最重要的就是，在"为社会、为世人"这种崇高的精神基础之上，充分发挥出"燃烧的斗魂"。也只有这样，才能够通过商业活动来构筑一个更为美好的社会。

第四章

以德为本

以道德驾驭斗魂

"燃烧的斗魂"如果超过界限、错误运用，不仅对组织，而且对社会都会带来毁灭性的危险。正因为如此，必须以崇高的精神投身于事业。这在上一章已经阐述。

这一点，在现在日本企业的全球化经营中也非常必要。

在海外市场中，首先需要"燃烧的斗魂"，才能在激烈的全球企业竞争中取胜。但是，在其根底处，必须具备崇高的精神，就是"德"。只有以道德驾驭的"燃烧的斗魂"才能引导全球性的商业活动获得成功。

现在欧美多数企业，都是以"力"来统治企业。比如说，运用资本的逻辑决定人事权，或者通过金钱刺激来驱使员工。

这种以"力"统治企业的象征，是经营者与员工之间极为悬殊的收入差异。欧美企业的经营者们，包括股权在内的收入，与普通员工相比，往往高得出奇。美国大企业的经营者，年薪高达数十亿日元的屡见不鲜。

无论经营者多么高明，光靠他们的战略，企业经营不可能顺利展开。大企业拥有几万乃至几十万名员工，只有每个员工每一天、在每个岗位上拼命工作，企业才能正常地运行。企业的销售额和利润是他们汗水的结晶。

因此，将企业的经营成果归功于经营者个人，他们的收入高于普通干部、员工达数百倍，这并不正常。可是许多经营者却心安理得，越是优秀的经营者，往往越倾向于用巨额报酬象征的"力"来统治企业。

然而，依靠权力来压制别人，或者依靠金钱来刺激员工的欲望，这样的经营，即使能够获得一时的成功，也终将招致员工的抵制，露出破绽。企业经营必须把永续繁荣作为目标，我相信只有"以德为本"的经营才能实现这一目标。

那么，在全球化经营中，怎样才能实现"以德为本"的经营呢？为此，必须在企业内部确立任何国家都能接受的、普遍正确的判断基准。

　　经营者需要面对各种情况不断做出判断。经营就是每天判断的积累，这种判断是否正确，左右着企业的业绩，有时甚至决定了企业的命运。因此，在我们心中必须具备像"尺子"一样的、明确的判断基准。那么，肯定有人会问，这种基准究竟是什么？这种基准必须是正确的、不容动摇的东西。

　　我认为，经营所需要的判断基准，可以浓缩在一句话中，就是"作为人，何谓正确"。自问"作为人，何谓正确"，自己得出答案，并将其贯彻始终。这就是我的判断基准，在京瓷，把它作为"哲学"，努力让全体员工共同拥有。

　　因为在创业不久就确立了这一判断基准，所以作为经营者，我从来没有在经营中迷失过方向。同时，在组织不断扩大的过程中，各个部门的负责人也能掌握好他们的工作方向，不至于发生重大的判断失误。

　　之所以能够做到这一点，我认为，原因在于"作为人，何谓正确"这一判断事物的基准具备普遍性。因为它遵循了作为人应有的基本的道德，所以能够超越国境，获得员工们发自内心的共鸣。

　　在进入别的行业的时候，在收购、合并企业的时候，都一样。基于做人道德的、普遍正确的判断基准，将它作为企业哲学公开揭示，人们就能接受、就能实践，而不会抵触、对抗。

和魂洋才

实际上，长期以来我在美国反复试验、不断探索，就实践了"以德为本"的经营。下面介绍我经验中的两个例子。

首先介绍京瓷在北美的总公司"京瓷国际"（以下称 KII）。

该公司的设立要追溯到 1969 年，为了开拓美国市场，当初作为销售据点设立了这个公司。1971 年京瓷收购了一家美国半导体企业的陶瓷工厂，开始在美国当地生产，作为日本企业算是比较早的。后来，为了在北美拓展事业，作为京瓷在北美的活动据点，并作为北美各分公司的持股企业，该公司现在仍在发挥作用。

在这个当地法人的经营中，凡是应该采用的美国式商业习惯和经营手法，就积极采纳，但同时，也非常重视贯彻做人普遍正确的"以德为本"的经营。

比如，在日本，企业领导人与员工之间工资差距较小，相对比较平均，而在美国的经营中，虽然当时还没有采用股票期权制度，但为了提高经营层的积极性，给予高层干部的工资较高，就是采用了欧美式的工资体系。

但在同时，为了对全体员工的辛勤劳动表示感谢，也像日本一样，给社长以下所有员工都发放奖金，让广大员工都分享喜悦。还有，在业务推进中，不只是自上而下，而是尽可能互相商量，在相互理解的基础上把工作做好。

当然，我一直认为，在经营中最为重要的是经营的基本理念、经营哲学，所以同日本一样，包括企业领导和普通员工，所有人都要学习并掌握"作为人，何谓正确"这一最基本的思维方式。在这方面我们注入了极大的精力。

KII 的前一位社长是美国人，原是注册会计师，1979 年作为会计部门的负责人进入公司，从那时算起，在公司工作已超过了四分之一个世纪。

另外，他的继承人，还有这个总公司旗下的几个美国分公司的社长，都是在京瓷经受锻炼然后提拔的。京瓷在美国也同日本一样，大家"吃一个锅里的饭、同甘共苦"，志同道合，一起经营企业。

美国的雇用形态，以为不断跳槽、积累职场经历，就可以提升个人价值。在这样的风气中，他们却对京瓷的企业哲学产生了深刻共鸣，对公司抱有强烈的热爱和留恋之心，长期在京瓷集团内执掌经营之舵。

我想，由前社长讲的下面一段话，集中表达了他们的心声：

"由于国家和民族的不同，文化也不一样。但在企业经营的哲学上，在人生的基本原则上，归根结底都是相同的。例如不管什么文化，不管什么宗教，在工作上要努力取得成果，要为社会做贡献，要相信宇宙的规律，这些都有普遍性，都是真理。"

"因为文化不同，会产生各种障碍，有时会痛苦，感到挫折。但是，在克服这类情绪的过程中，就会发现不同文化间的纽带。我自己是基督教徒，但在超越宗教差异的精神层面上，我身处京瓷集团却不觉得有任何矛盾之处。当能够共享高层次的哲学、理念和理想时，所有的障碍都能克服。"

附带提一句，这个 KII 公司在创立后第一年的 1970 年 3 月结算期，销售额只有 100 万美元，现在销售额已经超过了 15 亿美元。

另一个例子，是京瓷在大约 20 年以前并购的世界知名的电子零部件制造商 AVX 公司。在并购时首先经双方协商，采取了"互相持股"的方式，决定按照当时各自股票的牌价进行交换。但是这家电子零部件制造商的经营者以股价变动为理由，再三要求改变交换价格，以对自己公司的股东有利。

京瓷的美国顾问、律师都认为双方既已达成协议就不能轻易改变，所以都表示反对。但我经过深思熟虑后，确信即使做出最大限度的让步，仍能让这项事业获得成功，所以对不利的变更条件一让再让，全盘接受。而且在并购之后公司名称和经营团队不做任何改变。

因为我认为，收购合并是两种文化完全不同的企业合二为一，是企业与企业结婚，应该最大限度地为对方考虑。

结果，AVX 公司的股东们获得了很大的利益，非常高兴。同时经营层和员工也一样，并不因为公司被远东一家企业所并购而反感。京瓷和 AVX 公司从一开始就构建了互相信任的沟通基础，作为一个企业集团，有了一个良好的开端。

此后，在 AVX 公司的经营上，我一方面努力实践"为对方着想"的愿望，另一方面，"入乡随俗"，毫不犹豫地导入美国的有关经营制度和商业习惯。当然，"作为人，何谓正确？正确的事情以正确的方式贯彻到底。"这一企业的思维方式、判断基准，必须坚持。在并购以后，我立即召集干部举办研讨会，亲自充当讲师，与大家一起反复讨论，努力让全体员工都从内心理解并接受。

其结果，该公司在并购后不到五年的短时间内，就在纽约证券交易所重新上市，并在这之后持续发展。

有关 AVX 公司的并购及随后的发展背景，美国《福布斯》杂志曾发表如下记事：

"20 世纪 70 年代初，京瓷决定从美国某企业引进技术，签订了技术专利的转让合同。合同中有一条规定：'京瓷在日本生产这种产品，在全世界销售，而在日本国内享有独家销售权。'但这家公司后来对京瓷提出：'虽然签订了上述合同，但经仔细考虑后，觉得京瓷在日本国内享有独家销售权这一条不公平，要求删除。'虽然是双方同意后签订的合同，法律上京瓷完全没有接受的义务，然而，京瓷却接受了这一要求。"

后来我想起来了，当时对方是有这么一封来信。最初我打算拒绝，但我回到原点思考："作为人，何谓正确？怎么判断才算真正的公平？"最后接受了他们的要求。

这个某企业正是后来并购的电子零部件公司 AVX。AVX 的会长对这件事记得很清楚，在上述《福布斯》杂志上他说道："对京瓷我们提出了不合理的要求，这点我们明白。但是，让我感到吃惊的是，京瓷居然接受了。看起来，或许京瓷失去了产生很大利润的这项权利，但从那时萌生的对京瓷的信赖感成为了我们合作的基础，这才有今日并购的成功。从短期看，当时京瓷的判断似乎牺牲了自己公司的利益，但从长期看却有很大的正面效果。"

京瓷在 25 年前，不顾自己的损失，从更为公平的"作为人应有的正确的态度"出发所做的判断，营造了相互信任、相互尊敬的美好的精神土壤，不仅促成尔后的并购获得成功，而且直到现在还在继续开花结果。

成为世界楷模

日本经济现在已经离不开中国，在中国开展商业活动也应该"以德为本"，就是贯彻做人的正道。以日本人原有的高尚的道德与中国政府、中国民众打交道，我认为，从长期的观点看，这也将有利于中日国家之间问题的解决。

我的著作《活法》（SUNMARK 出版社），在中国翻译出版，销量已经超过了 130 万册，超过了日本国内的 100 万册。据说除了正版外还出现许多盗版书，加起来有几倍之多。

《活法》就"人为什么活着"论述我一贯的见解。其中有诸子百家等中国的思想影响，也有浓厚的佛教思想和日本古代思想，而把这些思想连贯起来的，就是"把作为人应该做的正确的事情，以正确的方式贯彻到底"这么一种思维方式。换言之，就是以"做人应该具备的道德"为根基的人生论。

2012 年由尖阁诸岛①问题发端，中国各地掀起了涉日游行和抵制日货运动，连日本作家的书籍也从书店下架，但据说《活法》等我的著作仍然留在书架上。这说明只要"以德为本"，就可以超越中日间的鸿沟。

另外，在讲授我的经营之道的"盛和塾"里，企业家塾生现在已超过了 8000 人。海外有美国和巴西分部，现在，在中国设立分部的速度也非常之快。

自从 2007 年在无锡建立第一个分部以来，向北京、上海、

①　中国称钓鱼岛。——译者注

青岛、广州和大连扩展。2012 年 6 月在重庆诞生了第七个分会，参加"稻盛和夫经营哲学重庆报告会"的，有从中国各地来的 1600 多人，场面热烈。之后，还在向浙江、成都、南昌等地发展。

我访问中国，一共有几千名中小企业的经营者来听我的讲演，对他们我会讲下面这段话：

"单凭欲望开展经营，迟早会破灭，踩着别人的肩膀、用各种不正当的手段获得的利润没有意义。获取利润，必须贯彻正确的为人之道。所谓正确的为人之道，就是体谅别人的'利他之心'，就是做人的'仁'和'义'，也就是'德'。缺乏对员工的爱、对顾客的诚、对社会的贡献，经营就不可能持续繁荣。"

听到我的讲话，许多中国的经营者会这么说：

"对过去的经营方式我要重新审视。至今为止，我经营企业都是从个人的欲望出发，与欲望结伴，雇用了几千名员工，获得了可观的利润，我自己也成了有钱人，但内心并不安乐。另外，像我一样追求个人欲望而经营受挫的人也不在少数。为什么呢？正如你所言，在商业世界，人往往会倾向于利己，倾向于只顾自己赚钱。但是，在经营中，对他人的关爱体谅才是关键。我今后也要以'利他之心'去经营企业。"

现在，中国已有许多企业经营者正在对过去利己的经营方式进行反思，把"利他之心"这句话挂在嘴边。可以看出中国现在开始出现了新的动向。

说到这种动向，有这样的事例：这是我在中国有代表性的大学，即北京大学和清华大学讲演时发生的事情。讲演会大受欢迎，讲演结束后，要求我在我的中文著作上签名的学生、市民都涌上来，直到保安队出动。当时，让我感到意外的是，北京大学国际 MBA 学院的院长提出，要把我的《活法》当教科书来使用。院长先生这么说："到现在为止，我们使用的教科书是以美国哈佛商学院为中心的美国 MBA 的教材。但是，作为楷模的美国，现在拜金主义横行，结果发生了各种丑闻，社会也出现了混乱。中国的经济界也问题多多。在这种情势下，听了你的讲演，我确信，中国的企业也应该以你倡导的高尚的哲学去经营。我认为，今后北京大学也要把你的有关经营哲学的书籍作为教材来使用。"

北京大学国际 MBA 学院院长的话表明，在中国有良知的经营者和经营学学者们，已经意识到过了头的市场经济主义，已到了转折的关头，应该是追求以德的精神经营企业的时候了。

为什么很多中国人对我的经营哲学会产生共鸣呢？

"德"这个概念原来就是从中国传来日本的。其起源可追溯到春秋战国时代。就是中国以孔子为代表的圣人贤人，他们之所以倡导正确的"为人之道"，是为了警戒世人。因为在治乱兴亡反反复复的历史中，人心荒废，一味追求"利己"的人增多了。

现代也同样，在利己主义蔓延的时代，许多中国人都觉得"这不对头！"这才认为我的经营哲学正好适用。从这个意义上讲，我在中国倡导的利他经营哲学，对于中国人来说等于"出口转内销"。或许因为这个原因吧，我在中国朋友那里听到这样的感慨："对以《论语》为代表的，中国圣人贤人们留下的格言我们都知道，虽然有些比较艰涩难懂。但我们往往只把这些警句格言贴在墙上当装饰用，在自己的实际生活中不能真正地使用。但是，你把这些思想变成了活的东西，用通俗易懂的语言表达出来，所以，从大学教授到企业经营者，从年轻人到孩子，从城市人到乡村人，都能理解、都能共鸣，而且可以在自己的经营和生活中应用。"

我认为，这个话可以看作是对日本人培育的、根源于"德"的崇高精神和伦理的赞美。日本人把从中国传来的"德"的概念，没有当成装饰品，而是在日常生活中应用，扎下根来，像宝贝一样继承下来。

这一在日本实践的"德"，在中国正在被重新评价。在经济高速发展、GDP 跃升为世界第二位的中国，市场经济主义走过了头，招致了社会的扭曲，而矫正这种社会弊病的就是这个"德"。当狂奔暴走的"强欲贪婪的资本主义"走到尽头的时候，在直面这个现代社会的时候，用"德"的概念作为治世之方，不是最有说服力吗？

新的国家模式"富国有德"

以上我讲述的是：只有以"德"掌控的"燃烧的斗魂"才能将企业经营不断引向成功。

但是，这不局限于一个企业的经营，对于弥漫着停滞感、闭塞感的日本经济也同样适用。如果日本要打破目前的局面，再次回到成长的轨道，那么，每一位经营者都必须在基于"德"的崇高的精神之上，发挥出昂扬的斗魂。

我希望，就是在执掌日本国家之舵时，也要把"德"作为活动的基础。这个"德"，就是充满了亲切、关爱、体谅之心的价值观，应该是日本值得夸耀于世的"软实力"。

与此相对应的是，国家具备的有形的资源，比如人口、领土、自然资源、经济规模以及军事实力等"硬实力"。其中，经济实力和军事实力是有代表性的"硬实力"。就像"德"要掌控"燃烧的斗魂"一样，在国家层面上，也必须由"德"，就是"软实力"来掌控"硬实力"。

对于不行使或不能行使军事力量（硬实力）的日本来说，

我认为，通过用好"软实力"，通过实施这样的国家政策，赢得全世界的信任和尊敬，这才是最好的安全保障方针。

2004年4月6日，我获得了一次在中共中央党校讲演的机会。当时，我引用了中国革命之父孙文在1924年访问日本神户市时讲演中的一节：

"日本通过明治维新引入了欧美的近代文明，实现了国家的繁荣。但西方的物质文明是科学的文明，后来演变成武力文明，并用来压迫亚洲，这就是中国自古以来所说的霸道文化。亚洲有比这优越的王道文化，王道文化的本质就是道德、仁义。你们日本民族既得到了欧美的霸道文化，又有亚洲王道文化的本质，从今以后对于世界文化的前途，究竟是做西方霸道的鹰犬，或是做东方王道的干城（盾和城），就在你们日本国民去详审慎择。"

遗憾的是，日本没有倾听孙文的忠告，得陇望蜀向着霸道猛冲，在富国强兵的道路上挺进，不但侵略了中国以及亚洲其他地区，给他们带来了深重的灾难，而且牺牲了许多本国的国民，国土大半化为废墟，招致了悲惨的失败，直至1945年迎来无条件投降。

我说到日本走上"霸道"，发动战争，招致失败，希望中国不要重蹈覆辙时，讲了下面一段话：

"经济不断高速发展的中国，不久的将来必将成为世界屈指可数的经济大国，并拥有强大的军事实力。我衷心希望，那时候中国要记起孙文的教诲，一定不要陷入自己一贯否定的霸权主义，而应以自古以来东方培育的'以德相待'的胸襟，亦即遵循王道，治理国家，从事经济活动，不仅成为亚洲，而且成为世界的楷模。"

我在中共中央党校讲演的时候，中国经济正在持续高速发展，照这种势头，必然会成为世界第二经济大国，最令人担心的是，到时中国会成为威胁近邻诸国的军事大国。因此，我借用孙文的讲话，把孙文在日本所说的话告诉中国共产党的各位先生。

于是，当天晚上，参加会谈的国家副主席、中央党校校长（当时）曾庆红——他事先看过我的讲演稿——发言表示：讲话稿已经给胡锦涛主席（当时）和有关中央干部看过，中国决不会走霸权主义的道路，这一点请转达给日本的国民。

不管有多大的困难，如果不"以德相待"、构筑相互信赖关系，中日之间就没有未来。

正是现在，要求我们不是采用"对症疗法"，而是作为"根本处方"，把日本自古以来的"德"这种价值观当作开展外交活动的基础。我相信，日本要在今后的国际社会中赢得荣誉，获得地位，就应该举国一致、共同努力，培养具备高尚人格和道德的、受到世界其他民族尊敬的日本人。

过去，曾有人倡导过"富国有德"，目标就是要让国家富裕，并让国家具备道德。根据我的理解，"富国有德"这句话真正的意思是：为了让国家富裕，首先要以"燃烧的斗魂"促使产业兴盛、经济发展，但同时，在其根底处，如果不具备"德"，就绝不可能带来长期的繁荣。"德"这一充满亲切、关爱、体谅之心的价值观，是东方或者整个亚洲共同流淌的精神，它超越国境、民族和文化的差异，使我们亚洲各国息息相通，它是亚洲足以夸耀于世界的精神资产。

日本应该作为亚洲的代表，要带头实践"富国有德"这一新的国家模式，成为世界的楷模。

日本具备充分的潜力，但因为国民意识和社会结构方面的缺陷，这种潜力没有发挥出来，所以我们迷失了方向，走过了"失去的20年"。

日本人原本就具备"德"，即全世界稀有的高尚的精神，只要恢复这种自信和自负，明确国家和社会前进的方向，领导人认真掌舵，日本就一定能复兴。

为了让大家通过事实来理解改变人的精神，即改变人心、人的意识，可以使集团发生何等巨大的、戏剧性变化，接下来的章节，我将讲述近年来我投入日本航空重建的过程。

第五章
改心——日本航空的重建

日航重建的三条大义

日本航空的重生，生动地显示了人心具备的强大力量。

首先揭示把员工幸福放在第一位的企业经营理念，当然为了让员工获得幸福，企业必须提高利润，必须以坚强的意志，也就是"燃烧的斗魂"去实现这一条。同时，对航空事业要明确定位，航空事业是"最高的服务业"，因此必须给乘客提供最好的服务。经营者、员工要共同拥有这种崇高的精神，就是说要让员工的心发生变化，一起行动起来，这才是破产企业日航重建成功的原因。

2010 年 2 月，应日本政府和企业再生支援机构的邀请，我出任了日本航空的董事长。日航负债总额高达 2.3 万亿日元，是日本企业有史以来最大的破产案例，应用《会社更生法》（《企业破产法》）实现破产重建。

以前，我虽然创建了京瓷和 KDDI 这两家不同行业的企业，两者合计销售额接近五万亿日元，我的确具备使这两家企业成长发展的经验，但对于航空运输事业，我却完全是门外汉。

与人商量是否接受邀请，没有一个人赞成。几乎所有的意见都是："已经这么大年纪了，还是不去为好。"

但是，我认为重建日本航空有如下三种意义，或称三条大义：

第一，对日本经济的影响。

日本航空不仅是日本有代表性的企业之一，它还是一个象征日本经济持续衰退的企业。如果日本航空无法重建、二次破产的话，不仅会给日本经济沉重的打击，甚至会使日本国民丧失自信。这是让人忧心的事。

反过来讲，如果重建成功的话，就可以让国民恢复自信：连那么糟糕的日本航空都能重建，日本经济当然能够重生。

第二，为了确保日本航空留任员工的雇用。

为了保证日航再建成功，很遗憾，不得不让许多员工离开工作岗位。但如果二次破产的话，全体员工都将失业。这种状况必须避免，无论如何必须保证留任员工的雇用。

第三，为了确保乘客，即国民的利益。

如果日本航空彻底破产，日本国内大型航空公司就只剩下一家，竞争原理就不能发挥作用，运费可能上升，服务可能恶化，这对国民肯定不利。

资本主义经济需要公平的竞争，航空公司也不例外，在公平的竞争条件之下，多家航空公司竞争，就能够给乘客提供更优惠的价格、更优质的服务。为此，日本航空的存在是必要的。

因为考虑到日本航空重建有这三条大义，我才决定出任董事长，全力投入重建工作。可以说出于一种侠义心吧，这样的念头愈发强烈，于是不自量力，以不取报酬为条件，接受重建日航的任务。就任董事长是刚才讲到的 2010 年 2 月。

共同认识破产的现实

在就任董事长的致辞中，我首先向员工们强调："志气高昂，不屈不挠，一心一意，坚决实现新计划！"

在本书的序言中已提到这是中村天风先生的话，对于已经破产的日本航空来说，这话的意思就是：为了确保实现重建计划，无论环境发生什么变化，也决不寻找任何借口，每一位员工都要具备主人翁意识，朝着目标实现的方向，以纯粹而强烈的愿望拼死努力，除此之外，别无他法。

这与"燃烧的斗魂"是一个意思。我强调大家一定要胸怀强烈的愿望，全力投入日航的重建。而且，还把这段话写成大标语贴到各个工作现场。

接着，我就花工夫努力改变日本航空的干部和员工们的意识。

因为自从当上董事长，在品川的日本航空总部工作以后，我碰到了许多让我吃惊的事。我觉得"无论如何必须在公司内进行意识改革"。

比如，作为民营企业，经营必须依据实绩数字。但是，当我问到"现在的经营实绩怎样"时，数字却总出不来，好不容易出来，也是几个月以前的数据，而且都是非常宏观、粗略的数字。究竟由谁对哪一项收益负责，也不知道，没有明确的责任体制。

同时，总部和现场、计划部门和实施部门、经营干部和一般员工、日航本部和各子公司之间，关系松散，缺乏一体感，各部门随意判断、各自为政，经营负责人甚至还在回避责任。可能是这些原因吧，公司内破产的危机感淡薄，从上到下缺乏"朝着重建的目标，团结奋斗，拼死努力"那样一种热情。

首先，必须在干部、员工的意识改革上下工夫。我召集干部开会，第一句话就是："必须如实地、诚挚地接受破产这个事实。"

在申请破产重建以后，日本航空日常的航行照样继续，所以开始时，大家对破产这件事没有切实的感受。因此，我反复向大家强调，要承认破产这一事实，究竟为什么会破产？问题到底在哪里？希望大家诚恳地反省，鼓起勇气，投入改革。我还围绕这个主题写了一封信，分发给日本航空集团的所有干部员工。

接着，从2010年6月开始，召集约50名经营干部，花了一个月，实施了彻底的领导人教育。其目的是期望大家通过学习我的经营哲学，理解作为领导人应有的姿态，理解为了经营好企业所必须具备的思维方式等等。

具体内容包括：把追求"作为人，何谓正确？"作为经营判断的基准；领导人必须具备受到部下尊敬的高尚的人格，同时领导人必须具备坚强的意志——不管环境如何变化，都要实现既定的目标，等等。就是一直以来，我在京瓷、KDDI等地一贯强调的经营的原理原则。

这种领导人应该掌握的思维方式的学习活动，我们是集中进行的，我也尽可能亲自出席并直接讲演，同时还与听讲的干部们一起喝酒交杯，深入讨论。最后，甚至干部们还集体住宿，团队讨论直至深夜。

通过集中研修，连原来不太起劲的干部的眼神也变了。作为领导人，他们的思想意识发生了很大的变化。同时，大家聚在一起学习讨论，各部门干部之间产生了强烈的一体感。

集中实施这种以经营干部为对象的研修会，在这过程中，原来对我的经营哲学抱有抵触情绪的日本航空的干部们，随着学习次数的增加，逐步加深了对哲学的理解。

而且有不少干部认识到："作为人，作为领导人，作为企业经营者，本来应该是怎样的。这种教诲，如果我们及早明白的话，日本航空也不会像今天这么惨，自己的人生也一定会有很大的不同。这种宝贵的思想、这么中肯的教诲，我不仅自己要掌握，变成自己的东西，而且一定要向部下传递。"

干部们的这种学习体会传到下面，各部门的领导也纷纷要求"接受同样的研修"。于是把干部研修时的录像作为学习资料，展开学习活动，总共有 3000 人参加了研修。

在集中的干部教育结束以后，学到的东西如何应用于实际的经营活动，每个部门、每个月都要发表，月度例会即"业绩报告会"制度开始实行。

将近 100 名各部门负责人一起开会，各自发表自己部门的经营实绩，按照损益计算书（利润表）的各个科目，发表计划数和实绩数，如两者有差异，就要说明理由。根据情况，我也会予以指导。

在向日本航空的干部、各级领导渗透领导人应有的思维方式的同时，影响还必须向下扩展。因此又开始了一般员工的教育。我认为，如果在第一线接触乘客的员工的意识不改变，公司还是搞不好。因此，我亲赴现场，直接给员工讲话。

在机场柜台前受理业务的员工、在飞机上为乘客服务的乘务员、操纵飞机保证安全飞行的机长、副驾驶员、负责飞机维修保养的机师，还有运送乘客行李的搬运工，我分别来到这些一线员工工作的地方，直接给他们讲解正确的思维方式和工作态度。

确立企业理念

同时，从 2010 年夏季开始，以社长为中心，召集有关干部员工，参考京瓷的经营理念和经营哲学，经过反复讨论，制定了日本航空新的"企业理念"，并在 2011 年 1 月向全公司发布。内容如下：

日本航空集团追求全体员工物质和精神两方面的幸福：
一、为乘客提供最好的服务。
二、提高企业自身价值，为社会的进步发展做贡献。

　　把员工的幸福放在第一位，决不意味着可以忽视乘客。到日航集团拼命工作的员工们，如果不能从心底感觉到"在日航工作真好！"如果企业实现不了这一条，就不可能为旅客提供最好的服务，也不可能提高企业价值，回报股东，为社会做贡献。依据这一思想，企业理念开头一句就是：追求全体员工物质和精神两方面的幸福。

　　接着，我们宣告：我们要向乘客提供世界第一的安全性、舒适性、便利性；同时所有员工都要有强烈的核算意识和不屈不挠的精神，采用光明正大的方法，通过不断努力来提升利润，给股东分红、给国家交税、为社会做贡献，尽到作为社会一员的责任。

　　我认为，我们制定了一个适合于新生的日本航空的"企业理念"。

　　"追求全体员工物质和精神两方面的幸福"这一句来自于京瓷的经营理念，是我的经营哲学的根本。但是，针对我的这一观点，有人却提出了批判，他们认为"对于一个接受了国家援助的、从事公共交通事业的企业来说，这个理念不合适"。

　　但是，不管是何种形态的企业，它存在的意义首先是为了聚集在那里的员工的幸福。这是我的不容动摇的信念，所以丝毫没有修改的打算。

　　一般认为，企业是股东的，企业经营就是谋取股东利益最大化。但是，我认为，只有让全体员工认识到工作的价值，抱着自豪感、生气勃勃地投入工作，才是经营的根本。只有这样企业的业绩才能提升，作为结果就能对股东做出贡献。

　　日本航空这个公司的目的，就是要"追求全体员工物质和精神两方面的幸福"。正因为强调了这一点，才使得因破产而失去伙伴、工资下降、劳动条件恶化、情绪低落的员工们振奋了勇气。

　　而且，许多员工都感觉到"日本航空是我们自己的公司，既然如此，我们就必须拼命守护公司，把公司做得有声有色"。大家都把日航的重建当成了自己的事情。

　　另外，我不顾高龄、不取报酬，全力投入谁都认为极其困难的日航的重建。这一点也产生了影响。

　　看到我拼命投入日航重建工作的样子，包括工会在内的很多员工，他们会这么想："与日航没有任何关系的董事长都那么拼命地努力，我们更应该拼尽全力才行啊！"

日航哲学

　　另外，在确立"企业理念"的同时，作为日本航空集团整个公司共同的价值观，日航还制定了"日航哲学"。

为了制定"日航哲学"，由各部门推选出经营干部十几人，开会讨论将近20次。听说时间不够，他们还利用休息日，进行反复彻底的讨论。另外，为了确认这些干部讨论的结果，还向以现场工作人员为主的130人征询了意见。

通过这样的过程，由日本航空的干部员工们共同归纳出"日航哲学"共40条，作为全体员工都应该具备的思维方式、判断基准。其目的，就是为了实现前面提到的"企业理念"。

为了让"日航哲学"便于携带、便于随时对照，把它做成了小型的手册，于2011年2月向集团全体员工发放。现在各部门利用晨会（朝礼）等场合轮流朗读。以"日航哲学"为基础，把日本航空全体员工的思维方式统一起来。

"日航哲学"昭示了今后日本航空这个企业将以什么思维方式、什么哲学来开展经营，它就是企业经营的指针。"日航哲学"包含了日本航空员工们共同的愿望，我认为，只要全体员工共同拥有、共同实践"日航哲学"，今后不管经营体制如何变化，日航的经营都能够沿着正确的轨道前进。

最高的服务业

以上阐述了我出任日航董事长一年内，对日本航空集团的干部员工进行意识改革的过程。

经营哲学基于崇高的精神，通过共同学习、掌握这种哲学，改变了每一位员工的思想意识，提升了他们的心性。我认为，这些举措强化了企业的经营体质，给日航的重建提供了确凿的保证。并且，我确信，通过这样的改革，日航不是在规模上，而是在员工思想意识的高度上，以及在这种思想意识带来的高品质的服务上，可以成为全世界最有代表性的优秀的企业。

航空运输产业因为拥有许多价值昂贵的飞机和关联设备，所以一般被认为是巨大的装置型产业。然而，我意识到，虽然有这个侧面，但航空运输业归根结底是"服务业"。

例如，旅客来到机场，柜台服务员如何迎接，在乘机后，乘务员如何服务，在机舱内机长广播时说什么话等，这些才体现了航空企业真正的价值。

在日本航空工作的员工，对于乘客应该从内心表达感谢，这种感谢之心和喜悦之情要用语言和态度向乘客表示出来，我认为这才是航空运输事业最重要的事情。

前面提到，我去现场与柜台服务员、乘务员、机长、维修人员、搬运工等员工们直接对话，那时候我说："你们的一举手、一投足都会影响到搭乘日航的乘客的情绪，他们喜欢不喜欢日航，就取决于各位的接待态度和语言措辞。"

　　不管干部们多么努力，直接同乘客接触的员工的行动，才真正左右了乘客对航空企业的评价，决定了航空企业的盛衰。希望在工作时一定要意识到这一点，一定要让搭乘日航的乘客产生"下次再乘日航"的意愿。公司一定要形成这样的氛围。我谆谆地向员工们讲这些话。

　　说实话，以前我也不喜欢日本航空。也许是代表日本国家的航空公司这种自负心作怪吧，傲慢无礼，自尊心高得让人生厌，不把乘客放在眼里，往往有这类情况发生。

　　不只是我，过去乘过日航的乘客中，也有因为受了气，以后就选乘别的航空公司的，这种情况曾一度增加。我自己也因为有这种体验才讨厌日航。我把这话也直接告诉了日航的员工。

　　公司、职场、员工，曾是那么招人讨厌的日本航空，在意识改革的过程中，渐渐地发生了变化。

　　站在现场第一线努力工作的员工们理解了我的讲话，在各自的岗位上贯彻实行。他们热爱日航这个公司，并且希望乘客也喜欢日航，从这种朴素的情感出发，真心诚意地为乘客服务。

　　2011 年 3 月，在东日本大地震发生之际，日本航空的每一位员工都站到航空运输事业的原点，为乘客尽心尽力，工作做得非常出色，搭乘日航的许多乘客都发来了表达感谢的信件。

感动人心的来信

请允许我介绍其中的几封。

▽从大阪出差，在仙台遇上了地震，在一片混乱中，第二天总算逃离险境，赶到了山形机场。但是，所有航班全部客满，许多人在等待退票。而且，机场系统故障，电话打不通。"千方百计来到有电、有食品的地方，但大阪还是回不去啊……"我的心情十分焦急。

就在这时，日航的工作人员告诉大家："我们一定想尽办法，把候机的乘客一个不漏全部送走！"他们的态度非常坚决，他们一定在紧张地调度，为了解决我们的困难。（这些工作人员，他们自己也担心地震啊！）

按照过去的惯例，"不行的事情就是不行！传递这种声音就是航空公司的正义"。同这种官僚形象完全相反，日航员工的热情像暖流一样传到我身上。日航增加了临时班机，我顺利回到了大阪，家人流着热泪，高兴地迎接我归来。

"为挽回乘客的信任而奋斗！"日航的宣言一点不假。山形机场的日航员工们，真的非常感谢你们！

▽我乘坐的飞机着陆的时候，正好是 3 月 11 日地震发生

的时候。在下机前，机内的服务，以及从机场送来食物的工作人员的献身精神令人感动，真的非常感谢。因为地震的原因，不得不长时间困在飞机里，但这期间乘务员热心周到地服务，真的太感谢了。特别是刚刚蒸出来的白米饭团，让人激动，这时候服务还能做到这一步，让人肃然起敬，这饭团比什么都好吃。

另外，飞机降落后，这一夜怎么过？正在担心时，乘务员及时拿来了枕头、毛毯，正好派用场。下机后，夜宵和早餐安排非常利索。而且不管乘的是哪家公司的飞机，所有乘客都一视同仁。"真不愧为代表日本的航空公司！"我再次有了这种感受。

因为星期一之前我也忙于应对地震，所以去信迟了。真的非常感谢你们。

▽这次地震发生时，我坐的飞机已经准备在东京成田机场着陆，但因地震影响，降落地紧急改为函馆。在飞往成田时已经在飞机里待了4~5个小时，结果，所有人员都不得不在函馆市内住宿。尽管外部信息极少，通信手段几乎中断，但是机长以及乘务员都尽力做出最妥当的安排，虽然时间长，但他们的行动冷静有序。

函馆也属于受灾范围，但地勤人员忙碌到深夜，第二天又从凌晨开始，那忘我献身的工作精神真让人钦佩。因为是紧急应对，难免有不周到之处，但乘客们都已经很满意了（次日从函馆出发前，机长的说明刚结束，乘客们就大声鼓掌）。

因为急忙处理与地震相关的事情，所以致辞晚了，特发此邮件，再次向相关各位表示深切的感谢。

贵公司近年来，有很多问题要处理，我想是很艰难的。说老实话，因为飞机陈旧等问题，我也打算今后不再乘日航了。但这一次让我改变了主意，"在紧急时刻，那种细致周到的应对，果然与众不同！"因此，今后我还会乘日航。请多关照，也请一定向有关各位转达我的谢意。

▽昨天，在乘坐的飞机里，机长向灾民们表达的发自肺腑的慰问语言，给我留下了深刻的印象。另外，同机乘坐的，还有飞赴灾区救援的日本红十字会的工作人员，机长也给他们送上了温暖人心的慰问，我想，这代表了我们全体乘客的心声。

正是在这危急的时刻，稍稍的关怀都会让人倍感亲切，我很高兴。贵公司对灾区、对灾民的各种援助，我深表感谢。祈愿贵公司今后发展得越来越好。

▽我们是赶赴灾区的救护组，上飞机后，座位上方的行李箱已装满了，乘务员立即过来把我的行李放到机内合适的地

方。下机后，悄悄夹在行李上的一张便条吸引了我的注意。

"今日承蒙搭乘，深表感谢！一大早就出来工作，辛苦了。在灾区工作、作业一定非常艰苦，请一定要注意身体。同时，我们日航全体员工也从内心祈愿灾区尽早复兴。"

我把四岁的孩子留在家里，被派遣到灾区，也不知道自己能发挥多大的作用，正在担心时，从这张便条中我感觉到了温暖，受到了鼓舞。我把这张便条让救护组全体人员共享，大家心里都热乎起来，不安的心情变成了"一定能有所作为"的自信。

机组人员严肃认真的态度与平时一样，那是为了守护空中的安全……但是，他们祈愿灾区复兴的心愿也一样，那种一丝不苟的精神矫正了我的态度。我有这种感觉。

前天，后续的救护组赶来接班，我们顺利回到了大阪。我想，等我的孩子稍稍长大以后，我会带着他乘坐贵公司的班机，到当地去观光，给他讲这些事，让他懂得人心的强大，懂得复兴的力量。

有许许多多这种对日本航空的员工表示感谢的感人肺腑的信件。读这些信件，我自己也不由得沉浸在深深的感动之中。

是日本航空员工们的行为唤起了这些感动，而这种行为的源泉，就是基于做人的道德的经营哲学。正是这种高尚的经营哲学改变了日本航空员工们的意识，点燃了他们心中的火苗，促使他们采取行动，唤起了乘客的感动。

所在的世界变了

我既没有经验，又没有知识，而且没有胜算，真可谓赤手空拳投入了日本航空的重建，唯一具备的就是"把作为人应该做的正确的事情，以正确的方式贯彻到底"这一"以德为本"的经营哲学。把这种经营哲学的一部分内容讲给日本航空的员工们听，让他们理解，仅仅这么做，员工们的意识就发生了戏剧性的变化，他们的行动也棒极了。而且随着员工意识改革的进展，公司的业绩也随之飞速上升。

到 2011 年 3 月底，新生的日本航空第一个年度的业绩是：销售额 13622 亿日元，销售利润 1884 亿日元，取得了自公司创办以来最高的业绩。重建第二年，2012 年 3 月期，虽然受东日本大地震的影响，旅客大幅度减少，但通过导入由我独创的管理会计系统"阿米巴经营"，进一步改善了企业的经营体质，收益性大幅提高，结果销售额为 12048 亿日元，销售利润达到了 2049 亿日元。

一般来说，航空运输业是一个收益性很低的行业，世界平均销售利润率只有 1% 左右。而日本航空一枝独秀，利润率高达 17%，可以说这是一个令人惊奇的业绩。这个数字不仅是全世界大型航空公司中最高的利润，而且相当于全世界航空公司利润合计数的一半左右。

而且，重建第三年业绩依然看好，日本航空于 2012 年 9 月实现了在东京证券交易所重新上市。在企业再生支援机构所注入的资本金 3500 亿日元之外，再加进约 3000 亿日元返回了国库。并且 2013 年 3 月期的决算仍然维持了良好的业绩，销售额达 12388 亿日元，利润达 1952 亿日元。

日本航空作为一般性事业公司，是日本企业经营历史上最大的破产案例，而且被舆论认为"一定会二次破产"。就是这样一个航空企业，经营体质迅速改变，仅仅三年就获得重生，成为值得自豪的、全世界行业内收益性最高的企业，而且前景美好。

真可谓"所在的世界变了"。那么，到底是什么促成了这种变化呢？以大幅度降薪为标志，劳动条件恶化了；同时，航线大幅度缩减；飞机以及其他器材，还有维修工厂的设备当时都没有更新，都是原有的旧物。唯一变化的就是人的心。仅仅因为人心变了，前所未有的、令人刮目相看的企业重建变成了可能。

重建告一段落，我的任务完成了。不要任何成功报酬，2013 年 3 月，我从日本航空的董事职位上退任，正式退出了日航的经营，只是遵从大家的请求，保留了名誉董事长的头衔。

但是，我很放心。因为在现在的日本航空，不是只为了自己，而是为了公司、为了乘客，我们能做些什么，为了社会我们该干些什么，这样的心念在日航的经营干部以至每一位员工身上，已经扎下了根。

只要这颗美好的、纯粹的心继续在跳动，那么，这种高尚的心灵带来的高品质的服务，以及由此带来的好业绩，在今后的日本航空仍然能够持续，日本航空一定能继续翱翔在世界的高空！

我想，通过日本航空的重建，能够证明"人心可以成就多么伟大的事业！"同时，我认为，这样的事情决不局限于单一的企业。

只要像日本航空一样，改变每个人的思想和行为，这个国家、这个世界就应该能够改变。

第六章
日本重生

日本经济重生之路

作为企业重生的案例，我阐述了日本航空重建的过程。被认为"二次破产必至"的日本航空，只花了三年时间，就变身为一个高收益的企业，成功实现了再上市。回顾这三年走过的历程，今后日本重生应该前进的道路，在我头脑里形成了"重影"。

在日本航空的员工们身上、在日本航空这个公司里，蕴藏着巨大的力量。但是，因为正确的思想意识、思维方式没有形成，还因为发挥这种力量的组织结构没有形成，所以它才走错了方向。如此而已。

为了把日本航空引向正确的方向，进行轨道修正，我做了意识改革和结构重组两件事，我仅仅做了这两件事。但是就因为这两件事，已经破产、被认为"二次破产必至"的企业，不仅获得了重生，而且取得了骄人的、世界最高的收益，变身成为一个充满梦想和希望的企业。

日本经济社会的重生也同样如此。只要把我们日本人本来就具备的巨大力量发挥出来，那么，我认为，不仅是 GDP 和增长率，而且在产品的品质、制作者的精神水准方面，日本也能成为受到举世称赞的国家。

我在前面论述了日本在从明治维新开始的近代历史中，以 80 年为周期，经历着"盛"和"衰"的反复循环。自 1945 年战败之后，现在再次朝着 2025 年衰落的谷底行进，而为了改变这一走向，必须像日本航空从破产走向复兴一样，从改变国民的思想意识、改变人心着手，走向新的成长之路。

就是说，我强调了必须有一颗不屈不挠之心，无论如何也要达成目标的、洞穿岩石般的"燃烧的斗魂"，首先这一条必不可缺。然后，我又强调了，为了掌控"燃烧的斗魂"，不是用"只要对自己有利就行"的利己之心，而是必须具备充满高尚道德的，充满亲切、关爱、体谅的利他之心。

而且我认为，日本人只要具备这两条，只要具备这样的心

灵，现在低迷的日本经济一定能复兴。最后，我想再谈一谈我
对于日本经济重生的思考。

价值观转换

我认为，日本经济现在就必须谋求价值观的转变。即使再
次把经济搞活，再次以"富国"为目标，也必须以新的思维
方式，去探索新的发展方向。

战后的日本，经济增长一路上扬，靠着量的扩大实现了经
济的复兴，构筑了富裕的社会。这堪称奇迹般的复兴，将铭刻
在历史的长河中。但是今后，为了日本的生存发展，历史要求
日本进行根本性的"价值观转换"。

所谓"价值观转换"，所谓新的思维方式，就是从追求量
的价值向追求质的价值转换。换一种说法，就是由提供高品质
的产品和服务来获取"高附加值"，就是要采取这样一种经济
方针。

现在，日本正在朝着"少子高龄化"、人口减少的社会发
展。这样的话，像过去那样追求量的扩大已无必要，应该以质
的提升为基轴进行思考，创造出任何国家都难以模仿的高附加
值的产品以及服务。既可以在国内，也可以在海外销售。从海
外来到日本的人们，看到日本人的工作状态，看到孕育如此高

品质的商品和服务的那种精神，他们会为之感动。看到日本人的生活情景，不是量的丰富，而是高品质的生活水平，将会引起他们的共鸣。这才是我们应该追求的目标。

日本人的高度的精神性

这种精神的典型，存在于"器物制作"之中。

日本自古以来就有精湛的"器物制作"的传统，其精致精细、美轮美奂的程度，往往让人误认为是艺术品。

例如日本刀，利用高超的锻造技术打出的刀身强韧无比，十分漂亮，这且不说，就连在刀柄上精雕细刻的镶嵌，在刀鞘上施以漆艺技法之一的描金画等，也让见者叹为观止。

除此之外，日本人手制的陶艺、漆艺、竹艺、染织、金属工艺品，无论哪个领域，都达到了令世界惊讶的水准，让别的国家羡慕不已。

再例如，日本家庭中的佛坛，不仅木工技术精良，而且漆工技术、烫金技术，还有描金技术，集各种各样的工艺技术之精粹，让外国人为它的技术而惊叹、为它的华丽而倾倒，同时，为这样的艺术品居然在一般家庭里日常使用而感慨。

另外，虽是木结构的活动玩偶，却有精巧合理的机械结构，这在近代工业勃兴之前已经出现。神社祭礼用的"活动彩车"，室内供玩赏用的"搬茶玩偶"等现代机器人的原型，在 200 多年以前已经完成，这在全世界都十分罕见。

这种活动玩偶中，包含实现精巧活动结构的机械设计技术和机械加工技术，包含玩偶造型所需要的雕刻技术、板木拼接技术、衣装美术等，融合了各色各样的技术。

为什么日本人能积累起如此高超的制造器物的技术呢？

在这些物品中，充分地反映出了日本人虔敬的、高度的精神性。比如，在传统工艺的世界里，工匠们在工作之前先要洗净身体，有时要像刀匠一样，用白衣束身。因为在他们的意识里，器物制造是一种神圣的行为，因此在制造器物时，需要先清洗自己的身体、净化自己的灵魂。而且通过这样的仪式，把自己的灵魂注入到要制造的器物中去。他们一定是这么想的。

在这种行为的根底处，不是西方式的将物质和精神分开考虑的二元论的思想，而是将物、心合一的"物心一如"这一日本固有的世界观。

日本人不是把物质和精神分别定位，在制造器物时单纯追求合理性和效率性，而是认为物质和精神是密不可分的存在，在制造器物时重视"心灵的状态"，必须全身心投入角色，用一句话讲，心就是制造出的器物本身，或者说是制造器物的道具本身。

例如，制造日本刀，对锻造好后的钢刀淬火这一道工序，就需要高度的集中力，结果就是把自己融入钢刀成为一体，即到达所谓"物心一如"的境地。否则，工序不能算完成。这一切都来源于日本人虔敬的、高度的精神性。

英国和法国因为工业革命而让手工业消失了，与此相反，日本即使在明治维新后的工业化进程中，用自己的手制造物品的文化也没有中断，因为其中倾注了日本人虔敬的、高度的精神性。

这种在传统工艺领域内培育的器物制造的虔敬态度，在现代化的制造业中得到了传承。

直到现在，在日本制造业的几乎所有现场，一天的工作都是从晨会（朝礼）开始的。这也可以解释为：在生产产品之前，先要把生产者的心绪整理好。

我自己过去在生产现场指挥工作时，经常会问部下："你听到机械的哭泣声了吗？"就是说，把制造设备拟人化，要听到他的哭声，劳动者与劳动对象结成一体，如果工作能如此全身心投入的话，就能生产出"会划破手的"、高品质的产品。

曾有过这样一件事：当时京瓷还未走出中小企业的阶段，但我们的精密陶瓷技术获得认可，闻名天下的 IBM 给了我们大批订单，订购的产品是用在 IBM 下期战略商品心脏部位的陶瓷基板。但是，该产品对规格的要求非常严格，我们怎么做也达不到它所要求的尺寸精度。我住进了位于滋贺的工厂，现场指挥如何解决批量生产的方法问题。

某天深夜，我在巡视现场时，见到一位年轻员工意志消沉，因为在精密陶瓷的烧制工序中，他想了各种办法，但燃烧炉内的温度仍然不稳定，烧制后的产品的尺寸出现微妙的差异。

我当时这么问他："你向神祈祷了吗？请让我烧制成功吧！你这样向神祈祷过吗？"我的意思是：你有没有反复努力、反复钻研，全神贯注到最后的最后，以至除了向神祈求之外，已经别无他法了。

这位员工点头说："我明白了。让我从头开始，再次努力试一试吧！"他再次投入工作，不久就解决了这个难题。

必须将心投入、把魂注入，让自己的心魂进入机械和产品，以致能听到"机械的哭泣声""产品的哭泣声"。让自己与机械和产品浑然成为一体，不断努力、反复钻研，达至极限。这时候才能向"造物之神"祈求："让我成功吧！"才能培育出了不起的、卓越的产品。

正是这种日本人的虔敬的、高度的精神性才促使这位年轻员工超越了壁障。

另外，京瓷也通过这项工作，进一步提升了精密陶瓷的技术水平。与此同时，因为给 IBM 供货的实绩受到高度评价，此后国内外厂家的订单接踵而来，京瓷也借此一口气从中小企业跃上了中坚企业的台阶。

要"倾听机械的声音"、要"倾听产品的声音"、要"向神祈求",这样的教诲,这种对待工作的真挚的态度,作为京瓷产品制造的原点,现在仍在现场传承。

还有一种说法:"要做出会划破手的产品!"这也成了京瓷制造现场的铁则。这源于下面一件事。

对于支撑现代电子工业的IC(集成电路板),需要保护它与电路板连接的端口,这就要提到具备这种功能的IC封装开发时的故事。

我指示IC封装开发的负责人"要做出会划破手的产品"。他与部下历尽艰苦,经过几个月的反复试验,做出了一个样品。但我只看了一眼,就冷冷地说了一句"不行",退还给他。

"为什么不行!这个样品的性能完全满足客户的要求。"他很不服气地顶撞我。但是,这与我事先在头脑里描绘的产品比较,就逊色了,有明显的差异。

想到这几个月的辛劳,他对我的否定态度感到不满和气愤,不用说我也完全理解,尽管如此,我还是再次强调:"要做出会划破手的产品!"我命令他们重做。

"要做出会划破手的产品",这句话的意思是:理想的、没有任何瑕疵的、无可挑剔的产品,让人不忍心用手摸一摸而玷污它。如果冒犯它，"手就会被划破"。

我小时候，父母经常用"会划破手"这个形容词。当一个非常理想的完成品呈现在眼前时，人们欣赏它，出于对它的敬畏之心，犹豫着不敢用手去碰它，此时我父母就用"会划破手"这个词来表达。

在现代的产品开发中，满足客户在规格、性能方面的要求当然是必要的，但仅仅如此还不够。包括外观和色泽在内，必须达到一种理想的水准，就是你在事先反复思索、模拟演练时所"看见"的那种完美的状态。否则，即使在数据上达到了客户要求的标准，也不是好产品。这种低水准的产品无法得到市场的普遍认可。

后来，他们经过反反复复的试验，终于成功地做出了非常理想的产品，做出了"会划破手的产品"。

而且，由于这一产品的开发成功，京瓷的 IC 封装此后席卷了全世界的半导体市场。同时，这一产品伴随半导体的迅猛发展，也成了京瓷成长发展的原动力。

在陶瓷 IC 封装领域内，京瓷一直到现在都遥遥领先，具备压倒性的市场占有率，让其他的追随者望尘莫及。我认为，原因就在于开发当初采取了严厉的态度，要求完美无缺，不允许妥协。

创造高附加值

日本在精密产品的制造方面，积累了值得夸耀于世的智慧，其典型就是材料和零部件的技术能力。我们常常会把目光放在整机上，但其实应该把目光投向材料和零部件高技术的开发运用上。许多情况下，产品的附加值不是在整机上，而是产生于材料和零部件。

在日本，以电子工业为代表，在汽车产业、飞机产业、机械产业、重化工产业……众多的产业领域，只有日本才能生产的，世界任何国家都无法模仿的，高附加值的材料、零部件很多很多，具备压倒性的竞争力。

在东日本大地震发生的时候，因为这一类材料、零部件厂家蒙受灾害，供应中断，世界各地的生产因此停滞，这个事实也说明了这一点。能够孕育出别国难以模仿的"高附加值"的高超的技术，哪一项都来自于虔敬的、高度的精神性。就是说，正是日本人的高度的精神性，才培育了"高附加值"。

京瓷也一样。在精密陶瓷的生产过程中，从原料的精制工序开始，有用压机将原料压制成一定形状的成形工序，有将成形的半成品用高温烧结的烧制工序，还有将烧成的制品加上金属，或者进行打磨的精加工工序，有好几道生产工序。在需要这么复杂工序的工业产品中，改进改良的余地是无限的。

实际上京瓷就是这么做的，在精密陶瓷的生产制造过程中，不懈努力，反复钻研创新，设计制造出传统的陶瓷等窑业难以想象的高附加值生产线，实现了高收益。

这种努力和钻研创新，当然是基于科学技术不断探索的成果，但在根底上，还是前面讲到的，要全力投入工作，以至能"倾听到机械的哭泣声"；要全神贯注，以至能"做出会划破手的产品"的这种态度。

这样努力的结果，使得在精密陶瓷领域，现在的日本独占鳌头。

说起来，日本人不太擅长于概念创造和系统思考方面的工作，从这个意义上讲，在日本要出现像谷歌和 Facebook 那样席卷世界的 IT 事业以及服务，恐怕不太可能。

另外，在产品生产方面，大部分制造工厂已转移到中国大陆和台湾地区，甚至泰国、印度尼西亚、越南等国家。按统一标准大量生产的工厂，向劳动力丰富、价格低廉的发展中国家转移是必然的趋势，要逆向而行恐怕很困难。

如果是这样，日本现在该从哪里去寻求竞争力的源泉呢？应该将目光再次投向从日本风土中孕育出的虔敬的、高度的精神性，应该把生产高附加值的产品制造作为新的竞争力的源泉。

学习京都商法

在我现在居住的京都有"京都商法"，就是所谓京都老字号商家传承的事业形态。

例如，京都有名的酱菜铺中，有一天只开两桶酱菜的老店。在店门口每天开店之前就有顾客排队，而且，那一天的量卖完后，即使还有顾客排队，生意照样结束。"想买的诸位，请明天来吧！"要求顾客次日再来。

酱菜如果大量生产，就会变味。被称为"职人"的专职师傅倾注心血、投入魂魄，制作酱菜。要观察当时的气候、原料的状态，所谓"自己化身为酱菜"，调好咸淡。这种做法对于这个店来说是产生了附加值。当然，生产的量就有限制。为了保持传统的味道和品质，自己来限制生产量和销售量。

在京都做酱菜的老铺有好多家，但这一家的酱菜有独特的风味，喜欢这种风味的顾客很多，因此，即使给顾客带来不便，仍然获得大家的青睐。以高品质为目标，把生产量、销售量限制于一定的范围内，这才维持了价格，确保了利润，不被竞争对手抢走市场，守住了传统老店的字号。从这种追求质胜于量的"京都商法"中，我们可以学到很多。

在现代日本的产品制作中，依然流淌着虔敬的、高度的精神性，同时具备高度的技术，以这种精神和技术去创造精美的、近乎艺术品的、高附加值的产品。把这作为日本制造业前进的道路，把这个方向作为重点，应该是一种很有说服力的选择。

过去，主要是欧洲的企业，继承传统，制造高品质的产品，获得了来自全世界的高度评价，而且由此获得了高附加值，维持了经济的繁荣。

但是，日本人具备制造更高附加值的产品和服务所需要的精神性和技术力。只要充分发挥日本人的这种特长，我认为，即使在那些被认为日本人不该参与的领域，仍然可以创造出高附加值的产品，不仅能维持生存，而且能把它变成高收益的事业。

农产品的品牌化

创造高附加值的产品，不仅是工业产品能做到，还有农产品也一样。

日本的农业，过去一直被认为没有前途，但是最近，高级农产品的需求急速增长。

根据堺屋太一先生的说法，青森县和长野县栽培的"富士"牌苹果，以高于国际标准数倍的价格，作为"高级水果"，出口到欧洲和亚洲诸国，出口量还相当可观。另外，最近向台湾地区和中国大陆出口大米且销售量增长的日本"农业协同工会"也在增多。

我们日本人注入魂魄，精心种植安全的、高品质的农作物。这种殚精竭虑培育的农产品，受到各国已经富裕起来的人们的垂青，"哪怕价格高，我们仍要买。"因为有这种新的需要，所以现在对日本的农产品应该重新审视、刮目相看。

这样的事情，原本是欧洲各国采用的方法。例如，法国的高档葡萄酒，价格之高是普通葡萄酒无法比拟的。除花费极大的工夫认真制作之外，又将它品牌化，结果就大大提高了它的附加值。

以前，我有机会参加了由日本总领事馆主办的野外聚餐会，在美国的硅谷郊外举行。

这次活动邀请了住在近郊的一些著名的美国人，让他们在日式庭院内试吃日本产的牛肉，同时还请来附近的日本料理店的师傅，请他们做寿司，制作各式各样的日式饭菜，提供给客人品尝。目的是让美国人了解日本牛肉和大米的高品质，增加日本对美国的食品出口量。

为了消除前一个时期核污染传言的影响，今后这种海外的宣传活动是必要的。要让收入水准较高的外国人吃到日本产的高品质的安全的牛肉、大米、水果等农畜牧产品，如果把这作为一项国家战略，那么一定会给日本的农业打开一条新的活路。

应不应该参加 TPP（跨太平洋伙伴关系协议）还在争论。不应只担心因美国产牛肉和水果席卷日本市场会带来危机，也应该看到可以把日本产的高品质牛肉和水果推向美国的富裕阶层这样的商机。

从这个意义上讲，日本人必须由内向的意识转换到外向的、开放的意识上去。

"斗魂"是日本经济复兴的关键

把话题转回到产业界。日本经济要重生，首先大企业要重生。大企业的势头好转了，税收就可望大幅增加，濒临崩溃的日本财政危机也能好转。

为此，不能让那些陶醉于过去的成功，一身官僚习气的人来经营大企业。必须让对重生充满斗志，无论如何都要突破现状的经营者来率领大企业前进。

无论哪个领域，日本的大型企业都有举世公认的优秀技术，还有勤恳踏实的员工。在这样的企业里，只要有充满活力、充满斗魂的领导人登场，向全世界提供高附加值的产品，那么，我相信，不仅销售规模，而且在收益性方面也能取得优异业绩的日本企业将不断涌现。

产业界的领袖们必须清醒地认识到，通过把高附加值的产品向全球市场推销，化身为强大的企业，现在正是时候。

当然这不限于大企业，日本的企业 99% 是中小企业，劳动人口的一大半在中小企业工作。考虑到这一点，中小企业本来就应该背负起振兴日本经济的使命。

回顾 60 多年前，在战败的焦土中，像不死鸟一样，诞生了一大批中小企业。本田宗一郎先生，井深大先生，都是昭和年代的创业型经营者，他们原本都是中小企业的经营者。那时候，中小企业的经营者们秉持经济立国的梦想，怀抱"燃烧的斗魂"，自由豁达，开创事业。

他们一边互相竞争，一边切磋琢磨，把日本经济搞得有声有色、生气勃勃。就是这些愿望强烈、精力旺盛的中小企业支撑了战后日本经济的高速增长，而且世界性的大企业也从中脱颖而出。

现在低迷的日本经济，正是中小企业成长发展的绝好机会。只要秉持强烈的愿望、怀抱"燃烧的斗魂"，不断努力奋斗、反复钻研创新，就一定能像战后的经营者一样崭露头角。而只要这样的中小企业不断涌现，日本经济就一定能够复兴。

榜样就在眼前。现在的日本，就有几位年轻的实业家，他们从中小企业或者风险企业中崛起，发挥出卓越的企业家精神，让企业迅速成长壮大。

例如，软银的孙正义先生。他不愧为"燃烧斗魂"的代表，不愧是一位充满企业家精神的稀世的经营者。

他高中二年级时就不顾父母的反对，前往美国。在留学时代就发明了翻译机，用获得的专利费，创立了电脑软件的批发公司日本软银（后来的软银）。

那时候他就参加了由我主办的经营塾"盛和塾"。在学习会上，他每次都坐在第一排，两眼闪闪发光，比谁都更认真地听我的讲话。

后来，他积极展开合作、并购战略，2004 年收购了日本电信（TELECOM）；2006 年收购了英国沃达丰在日本的公司；参与通信和手机事业。以后一如既往积极拓展事业，虽然销售额已经超过三万亿日元，但他热烈的抱负还见不到止境。

现在他又通过收购美国大型通信企业 Sprint Nextel，立志成为美国首屈一指的通信企业。"向美国 138 年的通信历史发起挑战！"孙正义先生的口号，正好表达了在他胸中翻滚着的、燃烧般的"斗魂"。

这样的例子还有拥有"风险企业旗手"之称的乐天的三木谷浩史先生。三木谷先生经历阪神淡路大地震中亲人的离去，目睹当地悲惨的情景，"不愿度过后悔的人生！"一念发起，毅然抛弃兴业银行职员的稳定工作，选择了经营者的道路。

而他的经营不啻于是"燃烧的斗魂"的实践。1997 年，充当时代的先驱，他成立"乐天"这个企业，在互联网上经营"假想商店街"。开始时只有四个人，从赤手空拳创业时，就揭示"成为世界第一的互联网服务企业"的宏大目标。并且为了实现这一目标，确立了独特的商业模式，积极并购企业。乐天集团打算收购 TBS 电视台，这一举动曾成为当时世间热议的话题。

乐天集团针对旅行、银行、证券、电子商务、电子书籍等各种各样的服务领域，在互联网上提供了一站式服务，构筑了所谓"乐天经济圈"，销售额达到国内行业第一，约 4500 亿日元。三木谷先生还成为职业棒球和足球两个球队的老板，这也是"燃烧的斗魂"的证据。

商业机会不只在处于成长期的 IT 行业。优衣库的柳井正，他年轻时就继承了父亲经营的、位于山口县宇部市的小型衣料商店。但是，柳井正的抱负不在那小小的地方都市。

他在 1984 年"优衣库"一号店开张以后，发挥出企业家精神，将事业急速扩大。有一段时间他就任了董事长。2005 年把销售目标定为一万亿日元，"不想只做一般的公司，所以只有创业者亲自来干！"又回头当社长，不折不扣地表现出了他的"燃烧的斗魂"。

如今，店铺数量在日本国内约 850 个，海外约 360 个，销售额已经达到了一万亿日元。但是，他的脚步没有停滞。在

"改变服装，改变常识，改变世界"这一理念之下，把 2020
年销售目标定为五万亿日元，瞄准"世界第一"。纺织纤维或
者零售业是所谓"夕阳产业"，但是，即使在这样的行业，只
要以"燃烧的斗魂"勇敢挑战，就可以创造出称冠全球的、
卓越的企业，优衣库就是一个绝妙的先例。

刚刚介绍的三位经营者，都从赤手空拳的创业起家，提出
"世界第一"的宏伟目标。为了实现目标，他们以坚强的意
志、烈火般的热情日夜奋战，也就是以"燃烧的斗魂"经营
企业，获得了成功。

现在，继他们之后，需要一批不厌辛劳、倍加努力、充满
斗志的中小企业的经营者站立起来，挺身而出。

出于这一初衷，我创办了刚才提到的"盛和塾"，向年轻
的中小企业的经营者们义务传授经营的思想、方法。这一活动
已经开展了 20 多年。

我在极为繁忙的工作中，尽可能腾出时间，到日本各地巡
回讲演，向中小企业的经营者们，也就是塾生们，讲述从我粗
浅的经营体验中获得的有关经营的真谛。

目的就是：衷心希望中小企业的经营者们把自己的企业经
营得更为出色。我相信，这样的话，就能让在中小企业工作的
众多的员工幸福，就能对日本经济的发展做出贡献。

现在，盛和塾在日本有 54 个分塾，海外 16 个分塾，合计

70 个分塾，塾生数已超过 8000 名。塾生企业的销售额合计，推算约 43.45 万亿日元，正式员工加上钟点工，从业人员数量约 180 万人。

通过盛和塾的活动，激起支撑日本经济的中小企业经营者的"燃烧的斗魂"，把他们自己的企业经营好，并因此对日本的振兴助上一臂之力。倘能如此，就是我最大的欣喜。

日本必须改变，必须变成一个以"燃烧的斗魂"引领公司站在行业前列、奋力拼搏的经营者不断涌现的，充满活力的社会。

作为战后第二代经营者，我是看着本田宗一郎先生、井深大先生的背影成长的。现在则是推着年轻人的后背向前进，我想，这是上苍赋予我的使命。

本书的执笔就出于这种强烈的愿望。

现在对于具备美好的、高尚的"德行"的日本人而言，唤醒"燃烧的斗魂"比什么都重要。

如果我们原本就是受到世界赞赏的、具备美好心灵的日本人，那么，即使燃起激烈的、勇猛的斗争心去面对经营和人生，也决不会走向错误的方向。

只要以美好的心灵作为指南针，就一定能够朝着正确的方向，笔直地、奋勇地前进！

2014 年 1 月 8 日

盛和塾简介

一、盛和塾的属性

稻盛和夫经营研究中心又称"盛和塾"，是由稻盛和夫先生亲自提议、亲自授权在中国大陆设立的，经营者学习"稻盛经营学"的非营利性学习平台，由稻盛和夫（北京）管理顾问有限公司负责大陆地区的运营和管理。

二、盛和塾的简介

1983年，京都一部分青年企业家希望稻盛先生向他们传授经营知识和经营思想，自发组织了"盛友塾"，不久改名为"盛和塾"，取事业隆盛的"盛"，人德和合的"和"两个字，又恰与"稻盛和夫"名字中间两字相一致。

"盛友塾"刚成立时只有25名会员，现在"盛和塾"已发展到97个分塾，除日本外，美国、巴西、中国大陆及中国台湾地区、韩国相继成立了分塾，塾生总数已超过12000名。

"盛和塾"每年召开一次世界大会。2017年7月19—20日在日本最大的会场"横滨国际会议中心"召开了盛和塾第25届世界大会，有4857名企业家塾生参加，中国有448名代表参加了会议。日本"盛和塾"每月举办一次"塾长例会"，每次都有近千人参加。稻盛塾长从繁忙中挤出时间，义务为塾生们讲演，解答他们在经营中遇到的难题。塾生们发表学习和运用稻盛经营学的心得体会，再由稻盛塾长予以点评，提出忠告。"塾长例会"后的"恳亲会"上，塾长和塾生自由交流、切磋琢磨。

"盛和塾"成立三十多年以来，不仅会员人数不断增加，学习质量也不断提高。其中有一百余位塾生，他们企业的股票已先后上市。这么多的企业家，这么长的时间内，追随稻盛和夫这个人，把他作为自己经营和人生的楷模，这一现象，古今中外，十分罕见。

中国大陆地区自 2007 年至今，无锡、北京、山东、大连、广东、南昌、重庆、上海、成都、杭州、沈阳、福州、长沙、西安、保定、温州、河南、厦门、深圳、太原、长春、哈尔滨、银川、宁波、南京、南宁、襄阳、呼和浩特等二十八个盛和塾，武汉、贵阳、天津、石家庄、乌鲁木齐等五家筹备处先后成立，截至 2018 年 5 月，长期在盛和塾平台学习的会员超过 5300 人。

地　　址：北京市海淀区交大东路
　　　　　31 号院 B 座
联系人：盛和塾总部事务局刘茜
电　　话：189 0112 2708

更多盛和塾信息
请扫上方二维码

30倍寿命的感光鼓，稻盛哲学的产物

京瓷以大幅度提升用户的使用便利性、经济性和保护环境为出发点，创新性地提出了ECOSYS理念。凭借京瓷独创的京瓷a-Si非晶硅感光鼓和独特的长寿命技术，致力于最大限度地减少打印机消耗部件的更换数量，降低打印机维护成本，减轻对环境的影响。

2013年，京瓷的ECOSYS理念和产品已经走过21载，并享誉全球，引领着办公文档领域的不断革新。回顾当初，京瓷在开发京瓷a-Si非晶硅感光鼓并将它运用到激光打印机时，历经了重重困难。此故事在稻盛和夫《活法》一书的"人生要时时有意注意"章节中有详细说明。

80年代初，当时全世界都想要攻克京瓷a-Si非晶硅感光鼓产品化的难题，但是没有一家公司成功，京瓷也曾一度想放弃。在京瓷创始人稻盛和夫先生的鼓励和带领下，研发人员在工作中牢记"有意注意"的方法，一丝不苟，认真观察研发过程中的每一步，不放过任何一个微小细节，终于获得了成功。

1990年，京瓷研发人员怀揣着开发京瓷电子照片的梦想和自强不息的信念，开始向京瓷a-Si非晶硅感光鼓运用于激光打印机的开发再次发起了挑战。这是自1980年以来，京瓷研发人员第三次向此技术高峰发起的挑战。同时，为了实现激光打印机真正的长寿命，研发人员设定了高难度的开发目标——为了达到不需要更换零部件的目的，把打印机所有的部件寿命都延长至与京瓷a-Si非晶硅感光鼓相同的寿命。其中有些部件（如主充电，刮板等）需要增长原有部件寿命的30倍，开发难度无法预估。京瓷研发人员追求着"人类的无限可能性"，并抱着"无论如何都要成功"的强烈愿望，坚持不懈地付出了努力，将不可能变为了可能。这在激光打印机的发展历史上，称得上具有划时代的意义。

正是因为不断挑战那些人们认为不可能做成的难事，才使京瓷成长为一个朝气蓬勃、充满魅力的全球化企业。如今商务办公信息时代瞬息万变，京瓷办公信息系统始终站在时代的前沿，不断进行技术革新，为人类和地球的和谐发展做出了贡献。

京瓷 a-Si 非晶硅感光鼓开发历史

- 1979年 开始与大阪府立大学共同开发

- 1982年 在世界上第一次实现了产品化

- 1984年 事业化

  （某日企品牌NP系列复印机有安装）

- 1989年 大口径感光鼓产品化

  （某日企品牌高速打印机有安装）

- 1992年 ECOSYS用小口径感光鼓产品化

- 1997年 无需加热器式样产品化

  （CRich drum）

- 2005年 DC CVD鼓产品化

- 2011年 MS鼓产品化

  （非结晶碳表面保护层）

第一代ECOSYS打印机 "FS-1500"

京瓷a-Si非晶硅感光鼓

稻盛和夫一生都在贯彻"作为人，何谓正确？"，在这过程中，领悟出了"京瓷哲学"，而这种经营企业和度过人生的正确方式正是《思维方式》一书的核心。稻盛和夫用"京瓷哲学"这盏明灯，在自己人生的各个重要阶段都做出了正确决断。在这诸多判断中，备受关注的正确判断，就是拯救了破产的日航，《日航的奇迹》正是转化"京瓷哲学"的完美案例。

《京瓷哲学：人生与经营的原点》

稻盛和夫说，本书是我的"想法"和"活法"的原点，汇集了我八十多年来的经营活动和人生旅程的精华。我衷心希望本书不仅对商业人士能起到帮助，还能对其他各行各业的人们，譬如教师、学生甚至家庭主妇起到"人生指南"的作用，祝愿本书能够帮助各位读者获得充实的经营成果和人生收获。

《思维方式》

思维方式决定人生方向。稻盛和夫首次精讲"成功方程式"的核心要素——思维方式，让心灵与行为高度融合。企业经营与心灵管理的经典指南。

《日航的奇迹》

稻盛和夫：为了重建破产的日航，我带着自己最信任的大田作为助手一同前往。本书不仅原原本本地记录了日航重建的整个过程，而且完整地阐述出了其中蕴含的经营和人生的真谛。

《利他心》

稻盛和夫在《活法》中谈道："利他本来就是经商的原点。"在稻盛和夫看来，无私是一种强大的领导力。作为一名领导者，要想将一个企业或者组织凝聚起来，使其获得成长、发展和壮大，就必须具备不畏自我牺牲的"利他心"。

《领导力的本质——向松下幸之助和稻盛和夫学习》

有领导力才会有影响力。洞穿日本式经营的精华，让管理变得更有人情味。一套学习日本式经营，提升领导力水平和个人魅力的行之有效的方案。领导力学习的教科书。

《稻盛哲学与阳明心学》

曹岫云是稻盛和夫经典代表作《活法》的译者，他以通俗的语言以及丰富的案例，告诉我们如何感悟稻盛哲学与阳明心学，并指导我们如何在工作、生活中灵活应用。

识别二维码，
了解更多作品
电话：18613361688